图说 陆地武器

《图说经典百科》编委会 编著

彩色图鉴

南海出版公司

图书在版编目（CIP）数据

图说陆地武器 /《图说经典百科》编委会编著. ——海口：南海出版公司，2015.9（2022.3重印）
ISBN 978-7-5442-7955-0

Ⅰ. ①图… Ⅱ. ①图… Ⅲ. ①武器－青少年读物 Ⅳ. ①E92-49

中国版本图书馆CIP数据核字（2015）第204883号

TUSHUO LUDI WUQI
图说陆地武器

编　　著	《图说经典百科》编委会
责任编辑	张爱国　吴燕梅
出版发行	南海出版公司　电话：（0898）66568511（出版）
	（0898）65350227（发行）
社　　址	海南省海口市海秀中路51号星华大厦五楼　邮编：570206
电子信箱	nhpublishing@163.com
经　　销	新华书店
印　　刷	北京兴星伟业印刷有限公司
开　　本	787毫米×1092毫米　1/16
印　　张	7
字　　数	70千
版　　次	2015年12月第1版　2022年3月第2次印刷
书　　号	ISBN 978-7-5442-7955-0
定　　价	36.00元

南海版图书　版权所有　盗版必究

前言
Preface

在人类的整个战争史中，地面武器一直独领风骚，从古代的刀枪剑戟，到近代的枪炮子弹，直到现在的原子弹、激光武器等等。

在历经了几千年的变迁之后，地面武器也彻底改变了形态，尤其是在最近的几百年间，地面武器的变化之快让人眼花缭乱，手枪、冲锋枪、火箭炮、迫击炮、坦克、装甲车，甚至激光武器……

这些武器的出现，改变了战争，改变了人们的生活，改变了整个世界。武器的发展史，就是一部人类的进步史。从武器的演变中，你可以看到人类的变化，人类生活的变化，人类思想的变化，以及今后人类会如何变化。当然，最主要的是你可以从中清楚地感觉到人类科技的进化脉络。

刀枪剑戟等冷兵器已经退出了历史舞台，曾经的战争主角弓箭也只出现在运动场上，现在的枪、炮、坦克、导弹，也将注定会在不久的将来成为历史，新的武器将层出不穷。

本书以浅显平易的笔触，对热兵器时代最经典的武器、最先进的武器、最常见的武器、威力最猛的武器分门别类地进行了深入浅出的描述，可以使青少年朋友对武器以及战争有一个大致的认识和了解。

目录 Contents

Ch1 身边的轻武器

永远的经典——毛瑟步枪 \ 2

手枪明星——沙漠之鹰92式手枪 \ 4

一击致命——柯尔特左轮手枪 \ 6

无敌驳壳枪——1932式毛瑟手枪 \ 8

一代枪王——AK－47突击步枪 \ 10

温柔刺客——M16A2自动步枪 \ 12

开创新纪元——马克沁重机枪 \ 14

抗日元勋——ZB－26轻机枪 \ 16

血统高贵——MG3式7.62毫米通用机枪 \ 18

Ch2 形形色色的随手武器

狰狞"虎牙"——M9式刺刀 \ 21

致命"疯狗"——高级战术突击刀 \ 23

手掷地雷——M24式手榴弹 \24

潜伏杀手——M18A1反步兵定向地雷 \26

杀人的菠萝——英国"米尔斯" \28

与坦克肉搏——74号反坦克手榴弹 \30

掌上迫击炮——GP－25榴弹发射器 \32

枪炮的粮草——弹药

枪弹——枪的孪生兄弟 \35

炮弹——战争之神的神力所在 \37

火箭弹——弹药家族新成员 \39

曳光弹——指挥员的眼睛 \41

燃烧弹——杀人放火的武器 \43

穿甲弹——遇强更强的弹药 \44

破甲弹——让装甲变成豆腐 \46

目录 Contents

Ch4 火力主宰者——常规火炮 47

铜墙铁壁——MK15"火神"密集阵系统 \ 48

日本的当家炮车——99式自行榴弹炮 \ 50

二战魔神——德国88毫米高射炮 \ 52

现代战神——PzH2000自行榴弹炮 \ 54

帕拉丁战神——美国M109A6式自行榴弹炮 \ 56

闪电轻骑兵——法国"凯撒"自行榴弹炮 \ 58

东亚急先锋——韩国K9自行榴弹炮 \ 60

致命红宝石——南非G6－52L式加榴炮 \ 62

Ch5 空中闪电——火箭炮 64

战争之神——喀秋莎火箭炮 \ 65

高丽铁拳——MLRS70毫米快速攻击多管火箭炮 \ 67

南美雷霆——"阿斯特罗斯"多管火箭炮 \ 69

最早的火箭炮——110毫米特种火箭 \ 71

Ch6 精密神剑——导弹

激情斗牛士——美国B-61巡航导弹 \ 74

斩首行动——美国"战斧式"巡航导弹 \ 76

阴险"飞鱼"——法国"飞鱼"导弹 \ 78

俄国定海神针——"白杨"－M洲际弹道导弹 \ 80

Ch7 陆战先锋——坦克

没落贵族——挑战者主战坦克 \ 82

陆上霸主——艾布拉姆斯主战坦克 \ 84

普鲁士骑士——豹－2A6主战坦克 \ 85

东瀛武士——90式主战坦克 \ 87

二战战场上的最强音——T－34主战坦克 \ 89

铁血战车——梅卡瓦MK4主战坦克 \ 91

黑鹰翱空——俄罗斯T－80UMl坦克 \ 93

体型庞大的坦克——德国虎式坦克 \ 95

目录 Contents

Ch8 陆军移动碉堡——装甲车 97

未来战车——斯特瑞克M1126 \ 98

五星上将——M2布雷德利 \ 100

山寨坦克——德国"黄鼠狼"步兵战车 \ 101

俄国先锋——BTR-90"罗斯托克" \ 103

图说经典百科

第一章
身边的轻武器

枪是战士身边的最后一道防线，也是战士最亲密无间的朋友。战士对于枪的感情，好比书之于学生，笔之于作家。枪曾经是战争的主角，枪的诞生曾经极大地改变了战争的形式。枪的发展历史，可以看作一部战争史。

永远的经典
——毛瑟步枪

- ☆ 生产国：德国
- ☆ 列装：1871年
- ☆ 口径：7.92毫米
- ☆ 全枪重：3.9千克
- ☆ 弹容量：5发
- ☆ 射程：50米

1867年，德国毛瑟两兄弟——威廉·毛瑟与保罗·毛瑟，设计了一种旋转式闭锁枪机的后装单发步枪，成为数十年风靡全世界的名枪。

毛瑟步枪进化史

毛瑟兄弟发明的步枪在1871年被德国采用为标准的制式步枪，并命名为1871式步枪，这是历史上第一种毛瑟步枪。之后出现的大多数的旋转后拉式枪机都是根据毛瑟兄弟的设计原理来设计的。

在法国人发明了无烟火药后，毛瑟兄弟又对毛瑟步枪做了进一步的改进，增设弹仓供弹和改用发射无烟火药步枪弹。毛瑟步枪不断地被改进和完善，由单排弹仓改为双排弹仓供弹。毛瑟步枪很快就在全世界流行起来。

德国在1898年采用新改进的1898式毛瑟步枪作为制式步枪，新步枪被德国军方命名为G98。这种枪的主要特征是固定式双排弹仓和旋转后拉式枪机，这是德国军队步兵在第一次世界大战中的制式步枪。毛瑟式枪机以安全、简单、坚固和可靠著名，绝大多数手动式步枪都是根据其设计的旋转后拉式枪机应用或改进而来。毛瑟步枪及其变型枪几乎成为世界范围内的标准陆军装备。

G98式步枪在堑壕战中使用显得太长，使用与携行都不方便，于是德国人考虑研制卡宾枪型。首先有98A，是缩短枪管为0.6米的骑枪，或称卡宾枪型。长度由1.25米缩短为1.1米，拉机柄由直型的改为下弯式，背带环改在枪身侧面，方便携行。

在第一次世界大战之后，德国人融合了实战经验加以改进，有了98B，仍然是G98式步枪29.1英寸枪管，拉机柄改为下弯式，增加了空仓挂机设计，提醒士兵弹仓已空。

在98B毛瑟步枪以及标准型毛瑟步枪的改进基础上，最终在1935年，德国正式采用Kar98k毛瑟步枪，成为纳粹德国的制式步枪，一直沿用到第二次世界大战结束后。

毛瑟公司的起起落落

19世纪末期，德国步枪的设计和生产都掌握在保罗•毛瑟手里，他很不满意德国军队擅自设计和采用88式步枪，并开始着手对毛瑟步枪进行改进，很快就推出了一系列毛瑟步枪。保罗•毛瑟不断地改进和完善他的设计，先后推出了1894式和1895式步枪。92式到95式这一系列的毛瑟步枪被卖到比利时、西班牙、墨西哥、智利、乌拉圭和伊朗等国家。随着毛瑟步枪的名气不断攀升，保罗•毛瑟也逐渐全面控制了皇家兵工厂的股份，最终在1897年把皇家兵工厂重新改组成毛瑟武器制造股份公司。

除了生产步枪外，毛瑟公司也生产该工厂雇员费德勒三兄弟设计的驳壳枪，但由于该手枪最后申请专利的是公司的老板，所以这种手枪也被称为毛瑟手枪。毛瑟公司最著名的产品是98k式短卡宾枪，这是二战前在原来的98式步枪的基础上改进和缩短而成的，并在二战期间成为纳粹德国的制式步枪。1940年，毛瑟公司被邀请参加新型半自动步枪的投标，可惜毛瑟公司的原型枪试验失败，在经过短期试产后就被取消。

纳粹德国战败后，毛瑟公司处于法国的控制之下，整个兵工厂遭到占领军的破坏。现在的毛瑟公司只是属于德国防务企业莱茵金属公司下的一个子公司，其主要的业务只是生产BK-27转膛式自动炮，在轻武器业务方面已经完全没落，只有一些名气不大、产量不多的民用产品。

↓博物馆中陈列的毛瑟步枪

手枪明星
——沙漠之鹰92式手枪

- ☆ 生产国：以色列
- ☆ 列装：1994年
- ☆ 口径：12.7毫米
- ☆ 全枪重：2050克
- ☆ 弹容量：7发
- ☆ 射程：200米

沙漠之鹰自动手枪是以色列军事工业公司的一项大胆尝试，在设计沙漠之鹰手枪时舍弃了传统自动手枪所用的各式弹药，而采用左轮手枪所使用的子弹。这是一种大威力、高精度、远射程的手枪。

威力惊人的"袖珍炮"

其实，"沙漠之鹰由以色列军事工业公司生产"的说法不是很准确，应该说它是美国人和以色列人的共同作品。早在1979年，几个美国人创立了马格努姆研究公司，准备研制一种使用0.357毫米口径左轮手枪子弹的半自动手枪，但由于供弹系统的问题，不得不求助于以色列军事工业公司。

首把原型枪于1981年完成，并在两年后推上市场。紧随不久，威力更大的0.44毫米口径沙漠之鹰又被推出了。1987年和1991年，0.41毫米口径和0.50毫米口径的沙漠之鹰又分别被研制成功。0.50毫米口径的沙漠之鹰在当年的纽伦堡国际机床展览会上以"沙漠风暴"的名字首度展出，便引起了轰动。

传统的左轮手枪，因为"四处漏风"，虽然后助力较小，但弹头初速不高。以色列军事工业公司认真参考了步枪的设计，经过改良后运用到沙漠之鹰上，在减少后助力的同时也确保了良好的稳定性。曾经有一名射手，使用0.44毫米口径的沙漠之鹰，在15码（1码=0.9144米）的距离外，20秒内射完一个8发弹匣，其子弹的着点半径仅5厘米,可见准确度之高。为了适应狩猎的要求,以色列军事工业公司还为沙漠之鹰设计了枪管改装套件和瞄准镜器具,受到了狩猎人士的广泛欢迎。

沙漠之鹰的威力令人称道,被称作"袖珍炮"。加长枪管后的沙漠之鹰,射程达200米,可以轻易地射倒一头驯鹿。

军用外表的民用枪

出乎大多数人意料的是,除个别人的偏爱之外,沙漠之鹰手枪从来不是,也一直没有成为过军用手枪。这是因为无论是军用还是警用手枪,先敌开火和首发命中是最主要的,但是沙漠之鹰操作的复杂性,决定了它在突发情况下,仅是出枪和瞄准这两个步骤,就需要比其他军用手枪更长的时间,这足以使使用者丧命了。

一般手枪的作战距离只有10米,沙漠之鹰赖以成名的高精度远射程在10米内毫无用武之地。一把反应快速并易于控制的普通手枪反而更加有效。

同时,高昂的造价也制约了沙漠之鹰成为军用武器的可能。以色列军队中曾有人呼吁将沙漠之鹰列为军队制式手枪,以色列军事工业公司也推出过军用型的9毫米沙漠之鹰,但最终均未能如愿。只有少数沙漠之鹰系列手枪进入特种部队,以作射击训练之用,但在真正的实战场合,大多数军队和警察并不选择沙漠之鹰作为制式装备。

↓最具明星范儿的手枪

一击致命
——柯尔特左轮手枪

- ☆ 名称：柯尔特左轮手枪
- ☆ 产国：美国
- ☆ 口径：11.43毫米
- ☆ 射程：50米
- ☆ 弹容量：6发

左轮手枪是一种属于手枪类的小型枪械。其转轮（即左轮）一般有5—6个弹巢，亦有高达10个弹巢的，子弹安装在弹巢中，可以逐发射击。

杀人利器的诞生

世界上第一支具有实用价值的左轮手枪是由美国人塞缪尔·柯尔特在1835年发明的。在此之前，早在16世纪，在欧洲就曾出现过火绳式左轮扳手枪，后来又出现了燧发式转轮手枪。

但是柯尔特以前的左轮手枪一是需用手拨动转轮，或者用手扳动击锤带动转轮到位，然后才能扣压扳机完成单动击发；二是枪弹的击发弹簧没有解决，所以它们应用不广。而柯尔特发明的左轮手枪具有底火撞击式枪机和螺旋线膛枪管，使用锥形弹头的壳弹，并且扣动扳机即可联动完成转轮待击发两步动作。这使左轮手枪头一次真正具有了良好的实用价值，得到了世界各国的广泛使用。虽然人们又对左轮手枪进行了一些改进，但它的基本结构和原理依然保持着柯尔特发明时的原样。

由于左轮手枪射速低、装弹较慢、容弹量较少，所以第二次世界大战之后，它在军队中的地位被自动手枪所取代。但由于左轮手枪对瞎火弹的处理十分简便，性能可靠，因此许多国家的警察和个人仍很喜爱使用它。1981年美国总统里根遇刺时，刺客欣克利使用的就是左轮手枪。

柯尔特其人

柯尔特1814年6月19日出生于美国康涅狄格州卡特伏德市一个普通家庭,他从小就是一个手枪迷,担任丝绸厂主的父亲给他买来了各式各样的手枪,小柯尔特总要把每一种枪都拆开,以探究其内部奥妙。

1830—1831年间,完成大学预科和阿默斯特学院学业后的柯尔特登上了一艘名叫"科沃"号的双桅船,开始了经好望角到英国和印度的旅行。在茫茫大海上,为打发漫长的旅途带来的无聊,柯尔特经常跑到驾驶舱。他看到舵手手扶舵轮,时而左转,时而右转,这对一直琢磨着如何把新式击发枪原理与旧式转轮枪结合在一起的柯尔特是一个极大的启发,他突然高声喊道:"成功了!成功了!"

跑回船舱,他模仿舵轮的结构绘制出一种全新的手枪图纸,并急不可待地用木头雕出击发式转轮手枪的模型。

回到美国后,柯尔特一头扑进转轮手枪的研制工作中。1834年,在来自巴尔的摩的机械工约翰·皮尔逊的协助下,柯尔特很快就制造成功了可以发射的样枪。

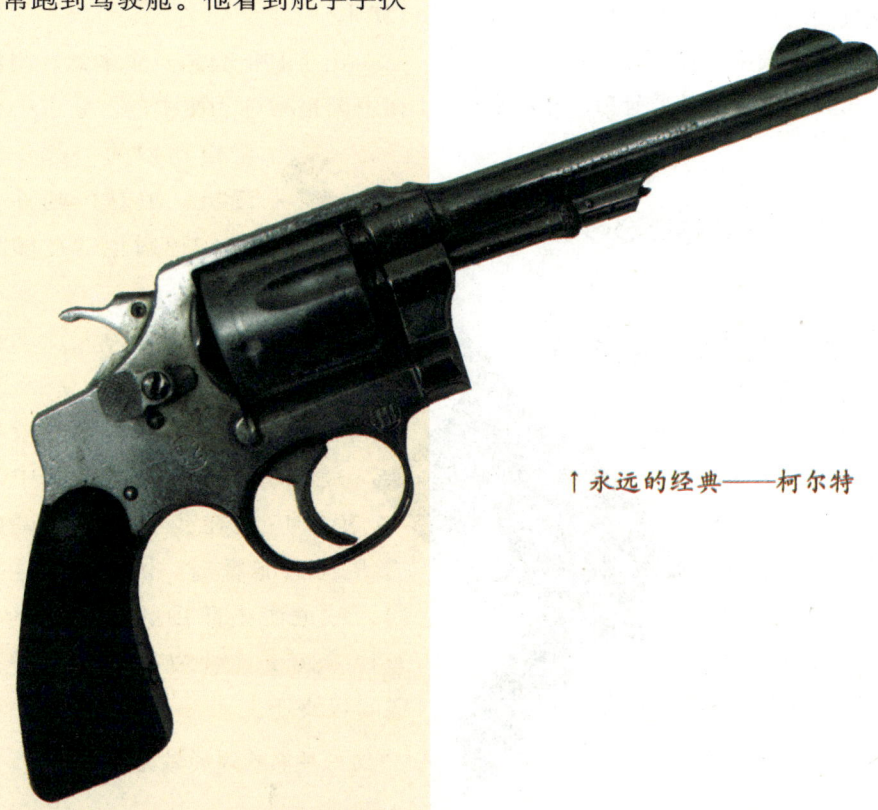

↑ 永远的经典——柯尔特

无敌驳壳枪
——1932式毛瑟手枪

- ☆ 名称：毛瑟军用手枪
- ☆ 产国：德国
- ☆ 口径：7.63毫米
- ☆ 射程：150米
- ☆ 弹容量：20发

德国1932式7.63毫米毛瑟手枪是德国毛瑟兵工厂制造的一种手枪，是世界上最早出现的自动手枪之一。它由德国费德勒兄弟研制，并以毛瑟命名。

源于德国，成名于中国

在中国大名鼎鼎的20响"驳壳枪"和"盒子炮"就是指这种手枪。中国人也有叫它"自来得""镜面匣子"的，其实它的正式名称是毛瑟军用手枪。毛瑟厂在1895年12月11日取得专利，次年正式生产。枪长288毫米，口径7.63毫米，重1.24千克，20发弹匣供弹，子弹初速每秒425米，射击方式为单发和连发，射击速度每分钟900发，有效射程150米。

由于其枪套是一个木盒，因此在中国也有称为匣枪的。它有一种全自动型的，称作快慢机，毛瑟厂则称之为M712速射型，在1931年5月量产。

该手枪具有威力大、动作可靠、使用方便等优点，广泛流传于世界许多国家。中国很早就有仿造，在抗日战争中使用较广。在我国很多小说电影里经常能看到"快慢机"这个词，铁道游击队中的王强就是一人拎着两支"快慢机"，打得日寇闻风丧胆。

←中国人耳熟能详的驳壳枪

完美的驳壳枪

最早的驳壳枪是德国毛瑟兵工厂的费德勒三兄弟利用工作闲暇设计出来的。但是该枪最后申请专利者是毛瑟兵工厂的老板,所以驳壳枪也叫毛瑟手枪。事实上,毛瑟手枪有多个型号。M31式和之前的型号是使用上压式装弹,M32式之后才采用了使用方便的弹夹式供弹。

德国驳壳枪在其大量生产的四十年历史中,内部几乎没有什么改变,因此可以说原始设计几尽完美,几乎没有什么地方需要改进了。

扩展阅读

1896年,毛瑟兵工厂希望能为德国军队生产驳壳枪。但是一直到1939年毛瑟厂停产驳壳枪为止,全世界没有一个国家采用驳壳枪作为军队的制式武器。在这几十年里,毛瑟厂大约生产了一百万把各式各样的驳壳枪,而其他国家仿造生产的数量则几倍于此。各国军队不采用驳壳枪并不是因为该枪的质量不好,而是因为它价格太高,而且该枪装备欧洲军队当手枪尺寸太大,而作为步枪又威力太小了,实在是一个鸡肋。

不过,瑕不掩瑜,驳壳枪在中国受到广大使用者的喜爱。20世纪上半叶的中国正处在水深火热中,各派军阀相互征战,急需要武器进行作战,而当时日本控制西方向中国出口军火,但作为手枪的驳壳枪不在此列,因此驳壳枪成为各派武装的首选。

在中国反帝反封建和反侵略斗争中,人民武装也大量地夺取敌人的武器来武装自己,因此人民军队里也大量装备这种驳壳枪,南昌起义领导人之一朱德用的就是一支驳壳枪。

↓博物馆陈列的驳壳枪

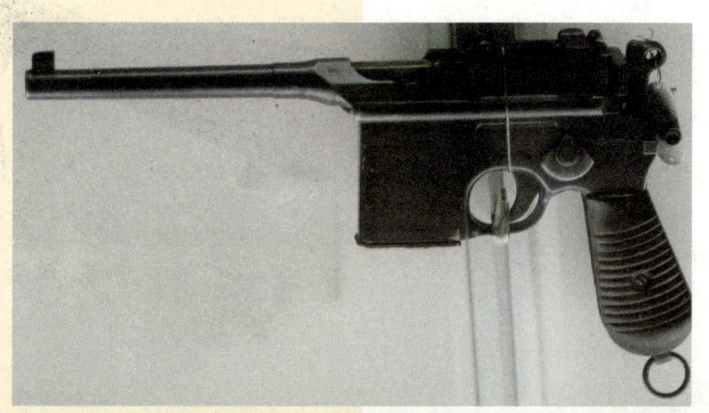

一代枪王
——AK－47突击步枪

- ☆ 生产国：苏联
- ☆ 列装：1947年
- ☆ 口径：7.62毫米
- ☆ 全枪重：4.3千克
- ☆ 弹容量：30发
- ☆ 射程：400米

AK－47步枪是苏联著名枪械设计师米哈伊尔·季莫费耶维奇·卡拉什尼科夫的成名之作。A是俄语里自动步枪的第一个字母，K则是卡拉什尼科夫名字的第一个字母，47是出厂年份，意为"卡拉什尼科夫1947年定型的自动步枪"。

结实可靠的步枪之王

相比第二次世界大战时期的步枪，AK－47突击步枪枪身短小、射程较短，适合较近距离的战斗。其口径为7.62毫米，发射7.62毫米×39毫米M1943型中间型威力枪弹，容量30发子弹的弧形弹匣供弹，后备弹夹最多可带90发子弹，相当于3个弹夹。可选择半自动或全自动的发射方式。

1947年，AK－47步枪被选定为苏联军队制式装备。1949年，AK－47最终定型，正式投入批量生产，伊热夫斯克军工厂负责生产；1951年开始装备苏军。1953年，设计师改变了其机匣的生产方法，变冲压工艺为机加工艺，随即开始大量装备。苏军摩托化步兵、空军和海军的警卫、勤务人员使用木制或塑料制固定枪托型。

↑性能卓越、风靡世界的一代枪王

AKC-47（英文AKS-47）采用可折叠金属枪托的型号，枪托折叠长645毫米，供空降兵、坦克兵和特种兵使用。

AK-47的枪机动作可靠，坚实耐用，故障率低，无论温度条件如何，射击性能都很好，尤其在风沙泥水中使用，性能可靠，即使连射时或有灰尘等异物进入枪内时，机械结构仍能保证其继续工作。其结构简单，易分解。

其主要缺点是，由于全自动射击时枪口上跳严重，枪机框后坐时撞击机匣底，枪管较短导致瞄准基线较短，瞄具设计不理想等缺陷，影响了射击精度，200米以外无法保证准确性，连射精度更低，其实只能满足以遭遇战为主的较近距离上战斗的要求，而且重量较大。

杀人最多的步枪

AK-47是被广泛使用的步枪，装备了世界上30多个国家的军队，有的还进行了仿制或特许生产。苏联将AK-47系列步枪及其制造技术输出到世界各地。由于AK-47及其改进型令人惊诧的可靠性，且结构简单、坚实耐用、物美价廉、使用灵便，许多第三世界国家甚至西方国家的军队或反政府武装都广泛使用。另外，世界上有许多国家进行了仿制或特许生产，其中包括前东德、前捷克斯洛伐克、前南斯拉夫、匈牙利、中国（其仿制品1956式步枪曾长时间被称为56式冲锋枪）、波兰、罗马尼亚、保加利亚、埃及、古巴、朝鲜等。进入21世纪，AK-47仍然被生产。

AK-47系列步枪的使用广泛程度，在轻武器历史上可能只有毛瑟步枪和柯尔特左轮手枪可以相比。卡拉什尼科夫则因AK系列步枪在世界范围内的广泛使用而被誉为"世界枪王"。自它诞生以来，已经杀死了数百万人，而且这个数字还以每年25万的数量不断刷新着纪录。

温柔刺客
——M16A2自动步枪

- ☆ 生产国：美国
- ☆ 列装：1983年
- ☆ 设计师：斯通纳
- ☆ 口径：5.56毫米
- ☆ 全枪重：3.77千克
- ☆ 弹容量：20/30发
- ☆ 射程：600米

M16自动步枪是第二次世界大战后美国换装的第二代制式步枪，也是世界上第一种正式列入部队装备的小口径步枪。该系列自动步枪主要包括M16式、M16A1式和M16A2式、M4A1式、M16A3式、M16A4式几种型号。M16式自动步枪系列是由美国著名的枪械设计师尤金.M.斯通纳设计。其中M16A2是美国现役的单兵装备。

新瓶装新酒

M16系列突击步枪最吸引注意力的，是它采用了大量新材料和它只有5.56毫米的口径。

M16A2步枪的优点是口径小、质量小、射击精度高、持续作战能力强，在步枪通常射程（400米）内杀伤效果好，大量采用铝合金和塑料等轻型材料。M16A2的许多重要零部件用铝合金制成，机匣是由铝合金制成的，枪管、枪栓和机框是钢制的，护木、握把以及固定式三角形直枪托都是工程塑料制成的。这样大大减轻了整体重量。

美国关于小口径步枪的探索研究工作始于20世纪50年代。直到M16系列步枪才正式采用了5.56毫米的北约标准，引领了小口径弹药的风潮。

新材料的使用和口径的缩小，都使得M16系列步枪的重量大大减轻，使得身上带着不少零碎的美国大兵们能够扛得动。

知识链接

· 什么叫作小口径 ·

小口径一般指弹药口径小于6毫米。小口径并不意味着枪弹威力的降低，小口径步枪弹在高速射中人体后，弹头会翻滚，造成人体组织大面积创伤，有很强的杀伤力。

军用小口径步枪弹的概念来源于美国陆军1952年委托约翰·霍普金斯大学运筹学研究室进行的"齐射"专题研究，该项研究的结果为军方提出了一系列具有说服力的论点和建议，其中一点就建议军用步枪小口径化。1964年2月18日，世界上第一种小口径枪弹——5.56毫米M193步枪弹被美军定型使用。

致命的温柔

与主要的竞争对手AK-47相比，只具备半自动和3发点射功能的M16A2真的很温柔。

对于突击步枪一扣扳机，子弹满天飞的状况，一些美国陆军的高级军官不能认同，因为那给军队的后勤补给造成的困难实在是太大了。他们认为，3发一组的射击是在节省弹药、提高命中率和增强火力方面最合适的解决之道。

英国的武器专家们也特别赞赏这种发射方式，他们认为许多训练不足的士兵掌握不到控制连发射击的技巧，而"可控的3发点射可以得到较高的命中率，这比一下子向敌方喷撒10至15发子弹要好"。

但是也有一些军事专家和技术专家激烈反对。因为这种设计思想从根本上动摇了突击步枪的宗旨。突击步枪在战术使用上的主要意图是借助突然和猛烈的火力阻止、压制、歼灭或震慑敌人。所以M16A2定型后又推出一些有全自动发射功能的改型，但这些全自动的M16A2只用于出口，美国陆军和海军陆战队装备的始终是3发点射的美国政府标准型。

↑ M16

开创新纪元
——马克沁重机枪

- ☆ 生产国：英国
- ☆ 发明者：马克沁
- ☆ 口径：11.43毫米
- ☆ 射速：600发以上/分
- ☆ 弹容量：333发
- ☆ 射程：1000米

马克沁重机枪，中国称赛电枪，为英籍美国人海勒姆·史蒂文斯·马克沁于1883年发明，并进行了原理性试验，1884年获得专利。马克沁重机枪是世界上第一种真正成功的以火药燃气为能源的自动武器。

首开自动武器的先河

1840年2月5日，马克沁生于美国缅因州桑格斯维尔。小时候，他家境贫寒，没有去上学。他虽然没有接受学校教育，但天生喜欢思考，每天都要跑到叔叔的工厂中去研究他的各种发明。后来，马克沁在电器方面的发明较多，却不断遭到当时美国的电器老大——爱迪生公司的排挤，只好去伦敦开辟新的电器市场，并在那里定居。当时正

马克沁机枪→

值欧洲大陆战火纷飞，敏锐的马克沁很快意识到制造武器能够成功，于是他转变了自己的钻研方向，投向速射武器领域。

马克沁没有受过专业知识的训练，所以当时很多专家根本就看不起他。在1883年他开始进行机关枪原理性试验的时候，人们仍然不相信他能有什么发明。

马克沁在1883年首先成功地研制出世界上第一支自动步枪。后来，他根据从步枪上得来的经验，进一步发展和完善了他的枪管短后坐自动射击原理。他还改变了传统的供弹方式，制作了一条长达6米的帆布弹链，为机枪连续供弹。为给因连续高速射击而发热的枪管降温冷却，马克沁还采用水冷方式。马克沁在1884年制造出世界上第一支能够自动连续射击的机枪，射速达每分钟600发以上。

知识链接

·马克沁，凶焰滔天·

马克沁重机枪首次实战应用是在1893—1894年英国军队的一次战斗中，一支50余人的英国部队仅凭4挺马克沁重机枪就打退了5000多祖鲁人的几十次冲锋，打死了3000多人。

1895年，阿富汗奇特拉尔战役和苏丹战役中，马克沁机枪也使进攻的敌人死伤累累。

真正让马克沁出风头的还是第一次世界大战。当时，德国陆军装备了超过12500挺MG08式马克沁重机枪，在索姆河战役中，一天的工夫就打死60000名英军，成为第一次世界大战中死亡人数最多的一次战役。

扩展阅读

·李鸿章与马克沁·

1884年马克沁在英国举行发布会，各国都有代表出席会议，中国也派了洋务运动的重要人物李鸿章出席。当时表演的是速射，机枪在半分钟内一口气打出了300发子弹。李鸿章大开眼界，连声感叹："太快了，太快了。"但是当时正值中法战争前夕，积弱的清政府没有给李鸿章多少可以调用的银子。李鸿章虽然希望自己筹建的新式军队也能有这样的武器，可是当他发现这样的枪会浪费大量子弹后，也不得不自叹"太贵了，太贵了"。其实不仅仅是李鸿章，就是很多法国人、俄国人也认为马克沁的机枪太浪费军火，不愿意购买。然而，在德国，马克沁却获得了相当数量的订单。

抗日元勋

——ZB－26轻机枪

- ☆ 生产国：捷克斯洛伐克
- ☆ 发明者：哈力克
- ☆ 口径：7.92毫米
- ☆ 全枪重：4.3千克
- ☆ 弹容量：20发
- ☆ 射程：1500米

ZB－26轻机枪，是20世纪20年代捷克斯洛伐克布尔诺国营兵工厂研制的一种轻机枪，它是一支设计优良、制作精细且性能可靠的武器。

捷克造真可靠

重机枪诞生后，以其骇人听闻的火力和威力受到各国军人的另眼相看，但它的重量使得它的战场生存能力不高。在这种情况下，机枪小型化便成为趋势，不少国家都研制发明了轻型机枪。ZB－26轻机枪，就是其中的佼佼者。

ZB－26轻机枪的设计非常可靠，属于导气式、枪机偏移闭锁的弹匣供弹式轻机枪。该枪采用开膛待击方式，有利于弹膛的冷却。这些经典设计，使ZB－26轻机枪结构简单，动作可靠，在激烈的战争中和恶劣的自然环境下也不易损坏，使用维护方便，射击精确，只要更换枪管就可以持续射击。

ZB－26轻机枪的操作非常简单：根据射击阵地情况，先将两脚架打开，调至合适高度，展开抵肩托板，打开弹匣座和抛壳窗处的防尘盖，将实弹匣插入弹匣座并使其被弹匣卡笋固定。向后拉动拉机柄，带动枪机向后，直至被阻铁挂住形成待发状态，然后将拉机柄推回原位。只需要一个二人机枪组，经过简单的射击训练就可以使用该枪作战。

日本士兵的催命符

ZB－26轻机枪一诞生，就因

为其相对简单的结构,可靠的性能受到中国人的青睐。它的价格较低,仿制相对比较容易,有着非常不错的杀伤力,无论是中央军,还是直系皖系奉系桂系等各路军阀,都纷纷购买并仿制。

到抗日战争爆发,ZB-26轻机枪已经是中国步兵班排的绝对火力支柱。

在抗日战场上,在重武器方面,中国军队和日军有着天壤之别。中国军队虽然也装备少量重机枪,但是日军配有很多步兵炮和掷弹筒等轻型火炮,一般中国军队的少量重机枪在战斗中很快就会被日军摧毁。而中国军队中的轻便可以迅速转移阵地的捷克式,就成为士兵手中的救命稻草。在实战中,捷克式在和日军装备的歪把子机枪(大正十一式轻机枪)对射中占尽上风。如果不能确定将国军的轻机枪摧毁,日军一般会在冲锋时承受重大的伤亡。即使是装备落后的八路军或者敌后游击队的捷克式机枪,也让日军提心吊胆。

当时,中国部队的ZB-26机枪组对日军杀伤很大。据日本战后文献记载:"ZB-26机枪发射的7.92毫米子弹打在人身上,造成的创伤是'进口小,出口大'。"

可以说,捷克式轻机枪撑起了中国军队火力的一片天,如果没有捷克式轻机枪,中国军队的伤亡要更多。

↓抗日纪念馆陈列的"捷克造"

血统高贵
——MG3式7.62毫米通用机枪

- ☆ 生产国：德国
- ☆ 列装：1968年
- ☆ 口径：7.62毫米
- ☆ 射速：1300发/分
- ☆ 枪重：11.05千克
- ☆ 初速：820米/秒

德国人在武器设计制造上有着得天独厚的天分，尤其是对机枪的运用，更是一直引领着世界风潮。在刚刚修复二战创伤的1959年，德国人已经成功研制出集轻机枪、重机枪之所长于一体的MG3通用机枪，并一直沿用到现在。

名门之后

第一挺通用机枪是纳粹德国的MG42式机枪，MG3式7.62毫米通用机枪的前身就是MG42式机枪。联邦德国加入北约组织后，MG3由MG42式机枪的7.92毫米口径改为7.62毫米制式弹而成。莱茵金属有限公司于1959年开始生产，型号定为MG42／59式。联邦国防军称它为MG1式，后来加以改进，定为MG2式，1968年又进行改进，定为MG3式，同时正式列装军队。

MG3继承了世界第一款大名鼎鼎的MG34/42通用机枪的优秀传统，在服役了半个多世纪后仍然出现在阿富汗、巴阿边界、索马里海域等热点地区，深深地影响了西方的通用机枪的发展，成为北约国家使用至今的制式机枪之一，其在其他各国的装备数量也相当可观。

瞄得准打得远

MG3式机枪动作可靠，火力凶猛，生产工艺简单，成本低。

该枪采用枪管短后坐式工作原理，射击时可借助枪口助推器加速枪管后坐。开闭锁利用枪机内的闭锁滚柱闭合或撑开来实现。当枪管和枪机后坐时，机匣上的定型板开锁斜面迫使闭锁滚柱向内靠拢，此时，滚柱挤压枪机内楔铁前部，使机体加速后坐，直到滚柱两端脱离闭锁支承面，实现枪机开锁。闭锁时，当机头进入节套、即将复进到位时，楔铁前部斜面使滚柱向外运动，进入节套内的闭锁槽内，实现闭锁。

该枪配有地面瞄准具和高射瞄准具两种。

地面瞄准具由准星和U形缺口照门组成，可调风偏。照门可按表尺分划调整，表尺分划为200—1200米。高射瞄准具由前、后照准器组成，前照准器呈同心环状，后照准器位于表尺左侧，用时竖起。

↓ 机枪

图说经典百科

第二章
形形色色的随手武器

战争曾经是以人的力量执兵器来进行的，那时候，人不仅仅是武器的使用者，而且武装起来的人本身也是武器。战争发展到现在，人作为武器的作用已经几乎没有了，在战争中直接利用人的力量决定战争的情况已经消失了，但曾经的经典将永存。

狰狞"虎牙"
——M9式刺刀

☆ 刀长：310毫米
☆ 刀身长：182毫米
☆ 刀身最大宽度：37毫米
☆ 刀身厚度：6毫米
☆ 刺刀总质量：810克

现代最有名气的刺刀无疑是美军的M9式刺刀。号称武装到牙齿的美军大兵当然也不会忽视刺刀了，其装备的M9式堪称最成功的刺刀之一。

M9式刺刀的特写

M9式刺刀是在巴克马斯特狩猎刀的基础上改进而成的。刀身用不锈钢制造，经锻压加工，厚实坚固，表面呈暗灰色。刃口部位经局部热处理，刀口锋利，能砍树枝木棒，切割绳索。刀背较长一段有锯齿，锯齿坚利，角度合适，能锯断飞机壳体和50.8毫米厚的松木板，刀身前部有一长孔。

该刺刀的刀柄为圆柱形，用美国杜邦公司生产的暗绿色ST801尼龙制造，表面有网状花纹，握持手感好。刺刀的横挡护手上有枪口环，刀柄尾部开一小卡槽。与枪的结合定位方法与M7式刺刀相同。

M9式刺刀的刀鞘也用ST801尼龙制作。刀鞘下端的镶件上有驻笋和刃口。刃口角度设计合理，硬度高。刀身上的长孔套到驻笋上时，

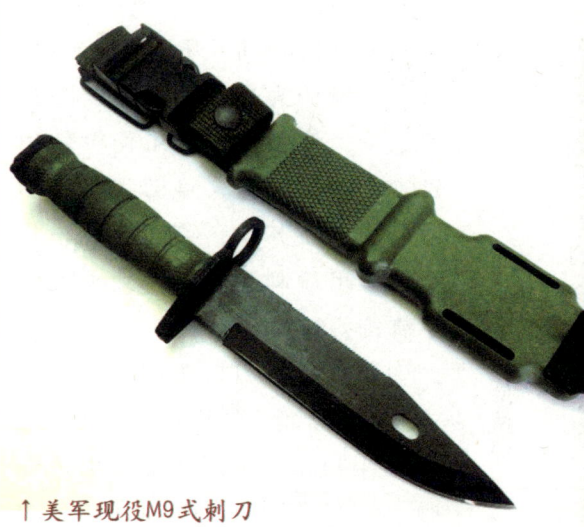

↑ 美军现役M9式刺刀

刀身和刀鞘刃口处贴合紧密，用它可剪断铁丝网。刀鞘上装有一块磨刀石，并用织物制作的盖片加以保护。刀鞘末端还有螺丝刀刃口，可作改锥使用。

标准型M9军刀的主要用途：刺、割、砍、削、劈都可以。通过刀刃上面的过孔与刀鞘上的驻笋相配合，可以剪切直径4毫米以下钢丝网。刀背开有锯齿锉齿，可锯锉木头、钢筋等，可在3500伏特下带电剪切高压电线，可用刀鞘卡头上的钢质凸起拧螺丝。刀尖经高强度化处理，坚固耐用，可以轻松打开铁皮罐头。护手开有双面启瓶槽，可以轻易开啤酒瓶盖。刀鞘背面设置应急用磨刀石。

美军与M9刺刀的缘分

美军在1961年开始装备M7式刺刀，被认为是世界上最差的刺刀之一。该刺刀只能用作枪刺和匕首，功能较少，且刀颈部易锈蚀，因此在苏联、英国等国军队采用多用途刺刀之后，美军提出了装备新刺刀的要求。

1985年12月，美国陆军部正式提出对新刺刀的战术技术要求。1986年初，美国国防部提出招标后，有3家美国公司和3家外国公司参加竞争。经过对6家公司55把刺刀的野战试验，美国罗比斯公司的刺刀获胜中选，被命名为M9式多用刺刀。此后在本宁堡美国步兵学校进行的步枪突击连刺刀突击科目训练中，又对M7式和M9式刺刀进行了广泛的对比试验。试验结果证明，在抗损坏等方面，M9式刺刀比M7式刺刀有明显的优越性。1986年10月，美国陆军部批准了一项价值1560万美元的合同，购买315 600把M9式刺刀。1987年3月，M9式刺刀开始装备美国陆军和特种作战部队，主要用于步枪，也可作匕首和野战工作刀。

1989年9月，罗比斯公司完成美陆军M9刺刀第一个合约后，授权在西班牙的一家公司继续生产其改进型M9A1刺刀，但遗憾的是该厂改进的M9A1刺刀未被美军采用。1991年年中，巴克公司向罗比斯购买了部分M9刺刀制造权，生产带有本公司标志的M9刺刀，售于民间市场和出口。

1991年，巴克公司曾经为美国海军陆战队制作过一批M9，是做工最细也是最贵的一批，曾售600美元左右，直接供应美国海军陆战队、海豹突击队、三角洲特种部队使用，数量极少。

致命"疯狗"
——高级战术突击刀

- ☆ 产国：美国
- ☆ 装备时间：1992年
- ☆ 全长：30厘米
- ☆ 刃材：17.7厘米
- ☆ 刃厚：6.4毫米
- ☆ 刃材：特种钢

"疯狗"是美国著名的特种部队海豹突击队配置的制式刀具。

巅峰之刀

除了完美之外，实在难以找到另一个词汇来形容这种刀具。

"疯狗"（Mad Dog）刀具使用了一种性能优越的特种钢，经过非常专业的淬水挤压回火热处理流程，使每片刀刃达到理想的层变硬度：刀锋硬度为HRC62－63，且可以长时间保持锋利；而刀尖、刀脊和柄芯的硬度则在HRC50－54，可保持良好的弹性，防止刀尖折断，并且增强了刀刃的韧性。除此之外，所有的刀刃都经过电镀处理，加上厚厚一层坚硬的铬合金，具有很强的抗腐蚀和抗磨损能力。

"疯狗"刀具的手柄都经过人体功能学设计，形状独特，把握时极其舒适。它的食指凹槽让使用者即使看不见它，也能凭手感找到握刀的位置。手柄材料是一种不公开的黑色环氧玻璃，可承受极高压力和高温，这种材料可以轻易地承受0.45口径枪子弹的冲击，而且几乎不被化学溶剂腐蚀。其全隐藏式柄芯确保使用者在工作时不会触电。

↓各国军刀展示

手掷地雷
——M24式手榴弹

☆ 产国：德国
☆ 装备：1942年
☆ 种类：长柄延迟手榴弹

德国的M24式长柄手榴弹，为广大的中国人所熟知，手持MP38腰挎M24是曾经的德国兵在军事影视剧中的典型造型。德军在第一次世界大战中就曾广泛使用过带长柄的这类传统造型的手榴弹，在两次世界大战之间的年代里，德军对其进行了多次改进，于1924年改进定型。

简单的重要装备

M24式的弹壳将原型的整体式铸铁弹体改为薄钢板冲压成型，弹体内填充TNT炸药，弹体安装在一个中空的木制手柄上。依靠杠杆原理，M24式可以比卵形手榴弹投掷得更远。

M24的拉发火管是一个独立的部件，由拉线、铅管、小铜套、摩擦线圈、延期药管（雷管套）和雷管等零部件组成，靠摩擦发火引燃雷管，摩擦线圈放置在小铜套内，摩擦线穿过小铜套，与延期药管相连，使用时旋开木柄尾部的金属盖，拧开后露出一段涂有瓷粉的拉

↓ 超大手榴弹

火索，往外拉拉火索，摩擦线与线圈摩擦发火，点燃延期药管，进而引爆雷管和主装药，整个过程约有四五秒的延迟。

手榴弹当地雷

M24手榴弹体积较大，在战斗中，德国士兵通常将其插在皮带上或插入长筒军靴中。大量搬运时，可使用一种薄金属板包装箱，每箱可以容纳十四枚。在反坦克和阵地攻坚作战中，M24手榴弹还可以集束使用，以增加破坏力。德军士兵常用铁丝将七枚M24绑扎在一起，周围六枚去掉木柄，以减轻重量，中间一枚保留木柄，以作为起爆引信。也可以将中间的木柄去掉，换上压发引信作为地雷使用。

1939年和1943年，该弹又进行了两次改型，但基本结构未变。到了战争后期，由于战争物资匮乏，德国的长柄手榴弹出现了许多不同形式的变形，曾用混凝土或木头代替最初的金属弹体。

知识链接

· 抗日战争中的手榴弹 ·

20世纪初，中国兴起仿德国武器，毛瑟枪、驳壳枪，都是人们耳熟能详的。人们常见而不知根底的木柄手榴弹，其实也是仿照德国人的木柄手榴弹而来。当时大量装备抗日军队并具有一定代表性的是小型木柄手榴弹和晋造木柄手榴弹，形制不同，而实质都一样，都是跟德国人学的。德国的武器设计合理，结构严谨，是当时中国军人所乐见的。

在抗战期间，八路军使用了近800万枚手榴弹。日军在扫荡八路军时，会尽量避免近战，就是畏惧八路军手榴弹的威力。整个抗战期间，大约40万日军士兵因手榴弹伤亡。

扩展阅读

· 手榴弹源起中国 ·

认真说起来，手榴弹的起源在中国。

手榴弹，顾名思义，是一种用手投掷出去的弹药。从这一特点看，在中国最早出现手榴弹。早在宋代，中国就出现了可被看作手榴弹雏形的"火球"，它用多层纸、布等裱糊为壳体，点燃后用人力抛出，球体爆炸并生成烈焰以杀伤敌军。13世纪初，中国军队又装备了包有生铁外壳的爆炸性火器——"掏火炮"（又名"震天雷"），这是世界上最早的铁壳手抛弹药，与现代手榴弹已颇为相似。

潜伏杀手
——M18A1反步兵定向地雷

- ☆ 名称：M18A1反步兵定向地雷
- ☆ 产国：美国
- ☆ 全重：1.1千克

1996年香港拍摄的动作片《飞虎》中，叛逃的海豹部队为逃脱飞虎队追击，在必经之路上埋设了地雷，造成多名飞虎队队员伤亡，这种地雷就是M18A1。

朝鲜战争促发的地雷

朝鲜战争中，加拿大人设计生产出一种地雷。这种地雷结构颇为简单，通过引爆装在钢板后的炸药，使其破碎，产生破片，从而达到杀伤敌人的目的。但由于未采用预制破片技术，地雷爆炸后所产生的有效破片太少，只能在20—30米的距离杀伤敌人，而且这种地雷过于笨重，单兵携带有点困难。

美国人在加拿大人研究的基础上，开始研制一种体积更小、杀伤威力更大的反步兵定向地雷。数年后，美国人的努力才有了结果。这种实验型号为T48的地雷以钢珠代替了钢板，使其有效杀伤破片大大增加，有效杀伤距离与加拿大的原型地雷相当，同时地雷壳材料由钢改成了塑料，使其重量大大减轻了，只有1.1千克重，单兵就可以携带和布设。这种地雷打动了美国国防部的采购官员，很快进入了美军的装备序列，并被正式命名为M18反步兵定向地雷。

设计师们并没有因为M18地雷性能优异而停滞不前，而是不断地进行改进。经过4年努力，改进型号M18A1于1960年正式定型并装备部队。

地雷中的经典

M18A1地雷可以人工操作引爆，也可以通过使用各种拉发、绊发、压发发火具引爆，既可以单独使用，也可以将数枚地雷并联成一个地雷阵。

M18A1的布设方法灵活多变，使敌人防不胜防。按美军的布雷规范，雷场一般按三角法或直线法布设。按前法布设时，通常设置成绊发雷，每组有3个呈三角形布设的绊发雷。整个雷场由多个地雷组构成。如按直线法设置时，一般使用压发雷，成行布设，每行设置1—4个地雷，相互间的间隔约1.8米。而M18反步兵定向地雷的布设则比较灵活：既可以布设在阵地正面，对冲击之敌予以正面杀伤，也可以布设在阵地侧面，对敌人侧翼进行打击，这样的布设方法可以保证覆盖其他步兵武器无法覆盖的死角。

知识链接

第二次世界大战期间，纳粹德国的武器专家休伯特·沙尔丁和匈牙利人米斯奈几乎同时发现，在一块带弧度的钢板后引爆炸药，炸药在起爆时大部分冲击力垂直作用于钢板上，爆炸过程中钢板凹面就会形成一个高速侵彻体，其破坏能力非常惊人。当时人们将这个发现命名为米斯奈-沙尔丁爆炸效应。

休伯特·沙尔丁利用该原理设计了一种定向地雷，不过还没等他的设计投入生产，第二次世界大战就结束了。

接着，抗美援朝战争爆发了。装备精良的"联合国军"在志愿军打击下丢城失地，节节败退，特别是志愿军的夜袭战和穿插包围，让美国士兵们惶惶不可终日。为了固守阵地、挽回失败局面，"联合国军"阵营迫切希望能得到一种可由单兵携带并使用的有效武器，就像重量轻、结构简单的反步兵地雷，于是有人想到了休伯特·沙尔丁的发现，接着就有了M18A1反步兵定向地雷的诞生。

↓博物馆中的地雷

杀人的菠萝
——英国"米尔斯"

☆ 产国：英国
☆ 装备：1915年
☆ 种类：无柄卵形手榴弹

追溯现代军用手榴弹的根源，"米尔斯"手榴弹是不可回避的一款手榴弹。英国的W.米尔斯爵士于1915年研究成功、并以自己姓氏命名的这种手榴弹，代表了当时此类投掷弹药发展的最高水平，并从此确定了无柄手榴弹的基本结构模式。也因此，在单兵手掷弹药的发展史上，英国占据了非常重要的地位。

名声显赫的"米尔斯"牌

"米尔斯"防御型无柄手榴弹是一个庞大的家族，可分为早期的No.5系列、中期的No.23系列和后期的No.36系列三大类。二战中英联邦军队使用的是No.36系列，其中又以No.36M为主，该弹属于手投、枪发两用手榴弹，是英国皇家兵工厂在No.23系列手榴弹基础上改进而成的。No.36M于1932年列装，并且一直生产装备到1960年代初才被L2型手榴弹所取代，是英国生产和装备最久的一种手榴弹，加拿大等英联邦国家也都生产和使用过这种手榴弹。

简单方便的"米尔斯"

"米尔斯"手榴弹的使用方法与一般无柄手榴弹基本相同，先将有保险握片的一面弹体朝向掌心，紧紧握住，然后用另一只手抽出保险销，用力向目标投出就可以了。

"米尔斯"手榴弹的优点是结构和零件形状较为简单，加工和组装方便，同时装药量和杀伤威力均较大，而且引信发火组件可以单独

↑手榴弹

No.68Mk5和No.68Mk6，除了标准战斗用弹外，还有弹体内填充沙子的训练弹等。

No.69系列进攻手榴弹：No.69系列是英国专门研制的进攻型手榴弹，虽然名气远没有"米尔斯"手榴弹那么大，但也是当时英军步兵常用的手榴弹，曾大量生产装备过。该系列手榴弹的最大特点是采用酚醛树脂来制造弹体和其他零件，可以有效控制杀伤破片数量，进攻使用更为安全，这在当时来说是非常先进的。由于No.69性能优良，一直使用到20世纪60年代初，才被二战中被使用最多的L2系列手榴弹完全取代。

存放，有利于提高手榴弹储运的安全性，也方便更换引信。

知识链接

·"米尔斯"的同门兄弟·

No.68系列两用反坦克手榴弹：No.68系列两用手榴弹是英国1940年研制成功的一种特殊的反坦克手榴弹，其特点是采用了空心装药技术，既可手投，又能枪发，使用比较灵活，具体型号有No.68Mk1、No.68Mk2、No.68Mk3、No.68Mk4、

扩展阅读

·手雷与手榴弹·

不带手柄的手榴弹，又称"手雷"。在英文中，"手榴弹"和"手雷"是一个词，这也说明了二者实为"一母同胞"的兄弟。不过，随着时间的推移，二者各有千秋：手榴弹由于带柄，故投掷性较好，同等重量的手榴弹要扔得更远，且落点精确，一般练习后较容易掌握；最大的优点是在山地进攻时，向上投掷后落到斜面上时不会滚下来。手雷的优势在于威力大，杀伤性好，且爆炸无死角。

与坦克肉搏
——74号反坦克手榴弹

- ☆ 全弹高度：362毫米
- ☆ 弹径：70毫米
- ☆ 装药量：567克TNT和黑索金混合
- ☆ 全弹重量：1070克
- ☆ 性能：穿甲厚度为170毫米

反坦克手榴弹，就是一种用于攻击坦克和装甲车辆的手榴弹。坦克出现，步兵用反坦克武器也随之出现。二战是反坦克手榴弹发展的黄金时期，这一时期的反坦克手榴弹种类繁多，性能也颇为优异，德国、日本、英国、苏联等都开发出许多不同类型的反坦克手榴弹。

怪异的胶水炸弹

1940年的敦刻尔克大撤退，使得英国人损失了大部分的重武器装备，对德军有可能进行的大规模登陆作战，英军没有取胜的把握。于是英军大力开发各种反坦克武器，包括步兵使用的反坦克手榴弹。

英国第一防卫司提出了一种极其怪异的构想：制造一种在抛出后会黏附上敌方坦克的手榴弹。于是，第一防卫司的米利斯·杰弗里斯少校和史图瓦·麦克雷少校便着手进行新型反坦克手榴弹的设计。经过多次的反复试验，他们最终设计出一种反坦克手榴弹，并被命名为"74号反坦克手榴弹"。

该弹的怪异之处在于：它是通过弹体上的粘胶粘在敌人的坦克上，最终将坦克击毁。74号反坦克手榴弹，外形为球体，下方有一个手柄，手柄内装有针刺发火延期引信。弹体外部有一个薄钢板冲压成的外壳，可分成两半。在弹体内部有一个盛有600克硝化甘油炸药的玻璃球体，玻璃球体的外部被一层弹力织物包着，弹力织物外层还涂上一层强力胶水，所以也被称为"黏性炸弹"。

反坦克手榴弹的没落

这种手榴弹使用前,首先必须拔出第一个保险销,弹体外部的钢板外壳会分成两半,露出涂了胶水的内弹体。然后,士兵冲上去将手榴弹粘在坦克上,再拔出第二个保险销,保险握片弹出,解除对击针和击针簧的限制,最后击针击发火帽并点燃导火索,延时五秒后爆炸。当然,也可以拔出第二个保险销,像手榴弹一样投掷到敌方的坦克上。

不幸的是,英国军队对这种手榴弹评价不高,因为在实验中发现,它不能黏附布满灰尘和泥土的坦克。最后在首相温斯顿·丘吉尔的干涉下,英军勉强接受了这种怪异的武器,不过,主要分给国土警卫队使用。

第二次世界大战结束后,随着反坦克火箭筒和反坦克导弹的出现,再加上反坦克手榴弹的种种先天不足,这种武器逐渐淡出了军队的装备序列。除了中国和苏联少量设计过几种反坦克手榴弹外,基本上已经没有国家再研制和生产这种过时的武器。不过作为反坦克武器家族中的一员,反坦克手榴弹在历史上留下了它浓重的一笔。

知识链接

日军的反坦克手榴弹也分为磁性和碰炸型反坦克手榴弹。

磁性反坦克手榴弹代表作是99式磁性反坦克手榴弹,看起来有几分类似多了四条腿的军用水壶。这种手榴弹的设计不是很成功:首先它没有采用空心装药等较为先进的设计。其次,装药量也偏少,对装甲厚度较大的坦克几乎没有破坏能力。弹体上的圆柱形部分为引信,而弹体上的四条腿则是磁铁,用以吸附在坦克装甲上,也可将几枚吸附在一起使用。

三式反坦克手榴弹则是一种碰炸型反坦克手榴弹,与99式磁性反坦克手榴弹相比,性能上更为优良,破甲威力要超过99式磁性反坦克手榴弹,达到70毫米厚的水平,但与其他国家生产的反坦克手榴弹相比,还是有较大的差距。这种手榴弹外形酷似三角烧瓶,弹体内装有853克TNT和黑索金混合炸药,弹体外包裹着麻布。

掌上迫击炮
——GP－25榴弹发射器

☆ 生产国：俄罗斯
☆ 列装：1981年
☆ 射程：400米
☆ 口径：40毫米

当人们觉得手掷手榴弹不能扔得太远，而且不够稳定时，榴弹发射器就出现了。GP－25榴弹发射器1981年开始装备部队，并在1984年首次在阿富汗战场露面。目前它仍然是俄军的步兵班配备的武器，并在车臣战争中大量使用。在俄军的俚语中，GP－25被称为"小型火炮"。

拿在手里的迫击炮

GP－25榴弹发射器结构简练，坚固耐用，操作简便，组装和拆卸的速度快，弹药为前装，发射管为线膛型。GP－25榴弹发射器由发射管、发射装置、连接座、瞄准具和小握把组成，采用高低压发射原理。设计者独具匠心地将它的高压室与弹头连在一起，位于弹底，随弹头飞出，所以有人称它为世界上最小的"迫击炮"。其采用旋臂式象限瞄具，同时还设有一个用于间瞄射击的重锤式瞄具。由于它是前装填，省去了推拉发射管这一动作，使士兵对敌时可以更快地抢先开火。

知识链接

·什么是枪榴弹·

枪榴弹就是挂配在枪管前方、用枪来发射的一种超口径弹药，可分为杀伤型和反装甲型，依靠子弹中发射药燃烧时产生的冲击波来推动枪榴弹飞行（通常是使用空包弹来代替实弹发射枪榴弹）。

杀伤型枪榴弹一般重200—600克，杀伤半径10—30米，最大射程300—600米；反装甲型枪榴弹一般重500—700克，直射距离50—100米，垂

↑榴弹发射器常与步枪联结在一起

直破甲可达350毫米，可穿透1000毫米厚的混凝土工事。此外，枪榴弹还可发射破甲、杀伤两用弹以及特种弹和教练弹等。枪榴弹一般使用筒式发射器和杆式发射器发射。

压倒美国货

GP－25可以加装到俄罗斯各种现役或新研制的步枪和冲锋枪上，包括AK－47、AKM、AK－74以及新的尼柯诺夫AN94上。GP－25既可平射也可以曲射，用于摧毁50—400米射程内的暴露的单个或群体目标，或杀伤隐藏在障碍物后、掩体后、散兵坑内或小山丘背面的目标。

GP－25结构很简单，连接座上部有一个凹槽和一个固定卡扣，凹槽与枪管、刺刀和通条配合，在尺寸设计上已经考虑了俄军列装的各种步枪和冲锋枪，因此不需要任何改变和适配，都可以加装在各种武器上。

图说经典百科

第三章

枪炮的粮草——弹药

枪炮与弹药是并列的,是同等重要的,是相辅相成的,是互为依托的。古语云"兵马未动,粮草先行",在现代战争中,其中的"草"换成"弹"更为合适。武器的发展与弹药的进步是息息相关的,武器先进了,必然要催生出相应的先进弹药。

枪弹
——枪的孪生兄弟

枪弹是枪械威力的最终体现，因为枪弹的性能除直接影响武器的威力外，枪弹的结构尺寸及膛压大小对武器结构亦有很大的影响。枪弹是枪械在战斗中用来攻击或防御，致使目标直接遭受损害的弹药，也是各类武器中应用最广、消耗最多的一种弹药。

弹是枪的延伸

现代军用枪弹主要用来杀伤有生目标，也可用来摧毁轻型装甲车辆、低空飞机、军事设施等目标。为了使部队所装备的各种枪械能对不同的目标进行射击，就需要大量各种不同用途的枪弹，所以枪弹的生产和补给在战争中是很重要的。科学技术的发展促进了枪弹的进步，在现代战争中，各种枪械仍然是其他武器难以替代的装备之一，枪弹的作用也就不容忽视。

手枪弹：供手枪发射使用，其中某些兼供冲锋枪发射，因此称之为手（冲）枪弹（如51式7.62毫米手枪弹）。目前军用手枪弹的口径主要有5.45毫米、5.8毫米、7.62毫米、9毫米、11.43毫米和12.7毫米等。

步枪弹：供步枪发射使用，其中某些还兼供机枪发射，故称之为步（机）枪弹（如53式7.62毫米枪

↓子弹

弹）。目前军用步枪弹的口径主要有5.45毫米、5.56毫米、5.8毫米及7.62毫米等。

大口径机枪弹：供大口径高射（重）机枪等武器发射（如54式12.7毫米枪弹）。目前主要有12.7毫米、14.5毫米等。

其他枪弹：供射击比赛、射击运动、防暴等武器发射使用。

弹伴随着枪发展

枪弹的发展是与枪械密切联系在一起的。

17世纪，瑞典人发明了将弹头与发射药一起装在纸弹壳内的定装式枪弹，从而简化了装填。

1807年，英国人发明了以雷汞为击发药的击发火帽。

1849年，在法国出现了一种中空长圆柱尖头弹丸。1855年，英国制造出金属弹壳，进一步改善了弹壳的闭气性能，提高了弹头初速。

19世纪80年代末和19世纪90年代初，由于无烟火药的采用，不仅为减小枪弹口径、提高枪弹性能奠定了基础，而且枪弹普遍改为被甲式，即将铅心装入黄铜、钢制被甲内。

19世纪末出现的后装枪定装式步枪弹，仅就结构而言，主要是被甲式圆头弹头，即带弹头壳的弹头，如意大利的6.5毫米步枪弹、德国的7毫米毛瑟步枪弹、瑞士的7.5毫米步枪弹等。

第二次世界大战的发生，促进了大口径机枪用穿甲弹、燃烧弹、爆炸弹、穿甲燃烧弹的发展。而在第二次世界大战中，德、苏等国为了简化弹种，还研制成功威力和尺寸介于手枪弹和步枪弹之间的中间型枪弹。

20世纪下半叶，枪械及枪弹开始小口径化。1953年12月，北大西洋公约组织选定美国T65式7.62毫米枪弹为标准枪弹，实现了北约各国步（机）枪弹药的通用化。1958年，美国开始试验5.56毫米小口径枪弹。1974年，苏联也正式定型列装了使用5.45毫米枪弹的实用枪弹。

近30年来，枪弹的发展较为活跃。各国积极采用新技术、新结构、新材料研制新型枪弹，如双头（多头）弹、无壳弹、箭形弹、塑料弹壳埋头弹、次口径尾翼稳定脱壳穿甲弹、火箭枪弹等，使枪弹逐渐形成了一个多口径、多弹种的大家族。

炮弹
——战争之神的神力所在

炮弹，素有"战争之神"的美誉。而"战争之神"之所以是"神"，正是因为炮弹家族的强力支持。

炮弹是如何成为"神"的

常规的炮弹通常是由弹丸、引信、发射药、底火等组成的。

炮弹是一种内有负载的投射物，与枪械使用的子弹不同。炮弹内有炸药或者其他的装药。炮弹通常是大尺码尖头圆柱形物体，外形合乎空气动力学的要求，由炮兵的火炮或者搭载于装甲车辆、战车或者军舰上的火炮发射。

内部装填有炸药的炮弹直到16世纪中期还不十分普及。早期，由臼炮发射的中空内部装填有黑火药的石质或者铸铁炮弹，使用燃烧缓慢的合成药充当信管，借以引爆内填的黑火药。由于信管的点燃与燃烧速度的不稳定，不爆炸的哑弹在当时非常容易见到。

能发射内部装填有炸药的炮弹，具有平直弹道的加农炮一直到1823年才由法国一位将军发明。19世纪的炮弹多数是用铸铁制造，钢质炮弹最初只使用于穿甲，但是铸铁炮弹由于无法承受现代火药所产生的爆震，所以初速高的火炮使用的炮弹多数是钢质炮弹。

在第一次世界大战中，近70%的步兵伤亡是炮弹爆炸所产生的破片造成的。

炮弹的威武外形

炮弹的直径就是火炮的口径。视时代与制造国家不同，口径以毫米（公厘）、厘米、英寸为单位。大型火炮的炮管长度也经常会列入口径。

在分类上，常用炮弹的最小口径为20毫米。德国多拉列夫炮使用的800毫米（31.5英寸）是世界上最大口径的炮弹。火箭、导弹和炸弹技术的发展逐步取代了大口径的炮弹，目前使用最大的炮弹是240毫米（9.5英寸）弹。155毫米（6.1英寸）则是常用炮弹中的最大口径。

炮弹的重量随口径的增加而上升，一枚150毫米弹重约50千克，一枚203毫米炮弹重约100千克，280毫米（11英寸）战舰舰炮的炮弹重约300千克，460毫米（18英寸）战舰舰炮的炮弹重量超过1500千克。纳粹德国多拉列车炮可以发射5到8吨重的炮弹。

↓坦克炮弹

火箭弹
——弹药家族新成员

火箭弹是指靠火箭发动机推进的非制导弹药，主要用于杀伤、压制敌方有生力量，破坏工事及武器装备等。

强悍的弹药新成员

火箭弹按对目标的毁伤作用可以分为杀伤、爆破、破甲、碎甲、燃烧等火箭弹；按飞行稳定方式可以分为尾翼式火箭弹和涡轮式火箭弹。火箭弹通常由战斗部、火箭发动机和稳定装置三部分组成。战斗部包括引信、火箭弹壳体、炸药或其他装填物。

火箭发动机包括点火系统、推进剂、燃烧室、喷管等。尾翼式火箭弹靠尾翼保持飞行稳定；涡轮式火箭弹靠从倾斜喷管喷出的燃气，使火箭弹绕弹轴高速旋转，产生陀螺效应，保持飞行稳定。火箭弹的发射装置，有火箭筒、火箭炮、火箭发射架和火箭发射车等。由于火箭弹带有自推动力装置，其发射装置受力小，故可多管（轨）联装发射。单兵使用的火箭弹轻便、灵活，是有效的近程反坦克武器。

简单易操作的武器

火箭弹在实战中，常常会遇到火箭炮难以进入作战地域，或者火箭炮临时损坏的情况。遇到这种情况，可以采用简便方式，不用发射

↓不同口径的火炮炮弹

器照样发射火箭。

这种方式是先将火箭弹放置在临时构筑的长方形土堆、田埂或土坎上，再把折叠式瞄准具卡在炮弹后部。如果没有瞄准具，则可以沿弹体划出一条纵轴线，从底部向前量出一定的距离，放上一个20毫米高的物体做准星。

然后，分别将火箭弹上的导电盖和定心部分用砂纸打磨，再把发射导线的两头用胶布粘在打磨过的部位，此时，火箭弹已处于待发状态。

发射手通过瞄准具瞄准目标后，即撤离隐蔽，用干电池或手摇发电机接通发射电路，火箭弹就飞了出来。

弹体较长的火箭弹，还可以用两根棍子将弹体支起，使其成一定的仰角，朝向打击目标，即可接通电路发射。由于这种发射方式机动灵活，简便易行，打了就走，所以是步兵、民兵近战歼敌的有效手段。

扩展阅读

12世纪中叶，中国就发明了火箭，并开始应用于军事。约在13世纪，中国的火箭技术传入欧洲。19世纪初，英国人W.康格里夫研制了射程2.5千米的火箭弹。20世纪20—40年代，德、美、苏等国都研制并发展了火箭弹。苏联制造的BM-13火箭弹及其发射装置曾在第二次世界大战中广泛地发挥作用，战士们称这种武器为"喀秋莎"。

火箭弹用于空对地攻击始于20世纪60年代，当时人们发现这种武器由直升机的多管发射器发射时威力惊人，能形成强大的密集火力，有力支援地面部队的作战行动。但是，由于没有采用制导技术，这些火箭弹普遍命中精度差，难以有效打击点目标，大多数情况下只能作为面杀伤武器使用。

↓火箭发射

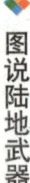

曳光弹
——指挥员的眼睛

曳光弹是一种尾部装有能发光的化学药剂的炮弹或枪弹，发射后发出红、黄或白色的光，用于指示弹道和目标。曳光弹较其他子弹弹头不同之处在于弹头在飞行中会发亮，并在光源不足或黑暗中显示出弹道，协助射手进行弹道修正，甚至作为指引以及联络友军攻击方向与位置的方式与工具。

中美俄不同曳光弹

曳光弹是一种特殊子弹，它主要是在子弹底部进行了技术改进，使得在开火后，主要成分燃烧得非常亮，以使发射器可以被肉眼看到。这样射手可以看到子弹的弹道指示的相关目标，用来修正对射击目标的弹道。

在美国，一般机枪弹带上是每五发有一发曳光弹。班排长有时候自己弹夹里会全部装曳光弹，这样用来给自己的士兵指示射击目标。曳光弹有时候也在弹夹底部连续装填2到3发，用来提醒射手自己的弹夹快空了。

弹药成分上有不同，发光颜色也不同。

在标准弹药中，曳光弹主要由锶复合物和一种金属燃料混合构成，产生亮红光。中国和俄罗斯的曳光弹药成分主要是钡盐，会产生红光或者绿光。在一些现代化的设计中，一些曳光弹使用了产生微光甚至主要在红外区的不可见光和辐射的成分，只能在夜视器材下才能看到。

曳光弹的分类

曳光弹依照其光亮度分为三种：明亮型、微亮型、幽暗型。

亮曳光弹就是现在使用的标准

型，一出枪口就开始燃烧，缺点是亮曳光弹也给敌人指示了射手的位置。弱曳光弹是在弹药射出100多米后开始照亮，这样可以避免暴露射手位置。弱曳光弹光亮非常弱，必须使用夜视装备才能看到。

基本上曳光弹不用则已，一飞出枪口就是大明大亮，因此能够"友善地"提醒交战双方发射曳光弹的所在位置。所以有一句军事谚语说，"曳光弹干两边的活儿"。曳光弹能有多亮？明亮型曳光弹能达到让夜视镜无法承受亮度而损坏的程度。微亮型曳光弹则是改善明亮型曳光弹暴露射击位置的缺点所研发出来的弹种，通常弹头飞出枪口后100米才会开始点燃发亮。至于幽暗型曳光弹的光度以肉眼来看，其清晰可见程度不如夜视镜中来得清楚。

扩展阅读

曳光弹家族也有了新的成员

新款的专利曳光弹相当有创意地抛弃传统磷火式弹头而改用"发光二极管"以及电容器，其优点在于唯有己方能得见曳光弹的循迹。由于发光体在子弹后方，几乎无法熄灭。而传统曳光弹受限于弹尖矿物涂料覆盖量，经常发生弹头还未到达目的地，弹尖上的磷、镁涂料就已经燃烧完毕，失去指引效果。

不过反过来说，这种弹头也相当重，尽管能够持续发亮，但是在无法进一步将弹头进行轻量化之前，射程上还无法有效突破限制。

↓ 弹链

燃烧弹
——杀人放火的武器

燃烧弹，又称纵火弹，是装有燃烧剂的航空炸弹、炮弹、火箭弹、枪榴弹和手榴弹的统称。

杀人放火的弹药

燃烧弹主要用于烧伤敌方有生力量，烧毁易燃的军事技术装备和设备。燃烧炸弹是指装有燃烧剂的航空炸弹，主要利用燃烧剂燃烧时烧伤目标。

燃烧炸弹重量一般为0.5—500千克。铝热剂燃烧炸弹的燃烧温度可达3000℃，主要用于烧毁建筑物和工事。凝固汽油燃烧炸弹的燃烧温度可达850℃左右，燃烧时间约1—15分钟，且具有较强的黏附性，对易燃目标造成的破坏效能比爆破炸弹高十几倍。

在现代战场中使用较多的是燃烧航空炸弹，常用的有混合燃烧航空炸弹和凝固汽油航空炸弹。前者装有含铝热剂的稠化汽油，弹体较小，弹重约10—50千克；后者装有凝固汽油和黄磷，弹重可达500千克。现代燃烧弹弹种日趋增多，燃烧剂所产生的热量和燃烧时间等性能在不断提高。

↓未爆炸的燃烧弹

穿甲弹
——遇强更强的弹药

穿甲弹是一种典型的动能弹,是依靠弹丸强度、重量和速度穿透装甲的炮弹。现代穿甲弹弹头很尖,弹体细长,采用钢合金、贫铀合金等制成,强度极高。

遇强更强的弹药

穿甲弹是主要依靠弹丸的动能穿透装甲、摧毁目标的炮弹。其特点为初速高,直射距离大,射击精度高,是坦克炮和反坦克炮的主要弹种。穿甲弹也配用于舰炮、海岸炮、高射炮和航空机关炮上,用于毁伤坦克、自行火炮、装甲车辆、舰艇、飞机等装甲目标,也可用于破坏坚固防御工事。

穿甲弹素以强拱硬钻而著称,也就是俗话说的硬碰硬。它主要靠弹丸命中目标时的大动能和本身的高强度击穿钢甲。俗话说,"打铁还需自身硬",要击穿目标的装甲,没有一副硬朗的身子骨是不行的。因此,穿甲弹的弹丸,都是用比坦克装甲硬得多的高密度合金钢、碳化钨等材料制成的。穿甲弹个个都长着非常坚硬的脑袋壳(即弹头),是坦克、装甲车辆的死对头。当然,对付混凝土工事,它也照样当仁不让。发射时,穿甲弹丸在膛内高温高压气体作用下,一触及目标,就会把钢甲表面打个凹坑,并且将凹坑底面的钢甲像冲塞子一样给顶出去。

老树开新花的穿甲弹

穿甲弹是在与装甲目标的斗争中发展壮大的。穿甲弹出现于19世纪60年代,最初主要用来对付覆有装甲的工事和舰艇。

第一次世界大战出现坦克以后,穿甲弹也相应地横空出世,并在与坦克的斗争中得到迅速发展，其性能也有了很大改进。

这期间，穿甲弹是一种适口径穿甲弹，即穿甲主体的直径与穿甲弹弹体的口径相同。这类穿甲弹又叫普通穿甲弹。

根据穿甲弹的弹头不同，通常人们还把普通穿甲弹分为尖头穿甲弹、钝头穿甲弹和被帽穿甲弹。前两种穿甲弹主要用来对付均质装甲，还可用来对付表面经硬化处理的非均质装甲。

普通穿甲弹采用高强度合金钢做弹体，头部采用不同的结构形状和不同的硬度分布，对轻型装甲的毁伤有较好的效果。

第二次世界大战时，重型坦克诞生，装甲厚度达到150—200毫米。面对这样的"硬骨头"，钝头和被帽装甲弹都显得无能为力，于是便出现了一种次口径超速穿甲弹。所谓次口径，是指穿甲主体的直径小于弹径。

这种次口径超速穿甲弹的弹体内，有一个用硬质合金制成的弹芯。由于穿甲弹是依靠弹丸的动能来穿透装甲的，因而当弹丸以高速撞击装甲时，强度高而直径细小的弹芯就能把大部分能量集中在装甲的很小面积上，从而一举把"乌龟壳"穿透。

扩展阅读

现代的穿甲弹可以分为线轴型与流线型两种。其中线轴型更为普遍。

线轴型穿甲弹主要由风帽、弹芯、弹体、曳光管组成。弹芯是穿甲弹的主体，用高密度（14—15克/立方厘米）碳化钨制成。弹体用低碳钢或铝合金制造，主要起支撑弹芯的作用，其上有导带，能保证弹丸旋转稳定。弹芯被固定在弹体中间，当碰击装甲瞬间，弹体破裂，弹芯进行穿甲。

它的弹芯直径小，仅为火炮口径的1/3—1/2，提高了着靶比动能（弹丸动能与弹体横截面积之比），垂直穿甲性能好，碳化钨弹芯硬度高，具有抗压不抗拉的特点，穿甲时基本不变形，击穿装甲后形成碎块，增大了杀伤与燃烧作用。但这种结构工艺性差，弹丸质量小，弹形不好，速度衰减快，仅适于射击近距离内的目标。此外，大倾角装甲穿甲时，弹芯易折断和跳飞。

破甲弹
——让装甲变成豆腐

破甲弹又称空心装药破甲弹，是以聚能装药爆炸后形成的金属射流穿透装甲的炮弹破甲弹，是反坦克的主要弹种之一。

让装甲变得脆弱

破甲弹主要配用于坦克炮、反坦克炮、无坐力炮等，用于毁伤坦克等装甲目标和混凝土工事。射流穿透装甲后，以剩余射流、装甲破片毁伤人员和设备。

破甲弹的使用，加强了对坦克的威胁，其主要特点是靠装药本身的能量来穿甲，故不受初速和射距的限制，是一种发展潜力较大的弹种。不过它的装药很有学问，因为空心装药破甲弹主要靠把装药制成带锥形孔的空心圆柱体药柱，并在锥形孔表面加上金属罩，这样，爆炸时会聚成一股速度、温度和压力都很大的金属能射流，即"聚能效应"，摧毁装甲。反之，如果把装药制成实心，就不能达到破甲的目的。

破甲弹为什么能破甲

破甲弹不是依靠动能来打穿"乌龟壳"，而是利用"聚能效应"来显本领，所以它不需用高初速火炮发射。破甲弹的战斗部是一个倒锥形的紫铜罩，锥心向内，锥口向外，引爆后，高温高压将紫铜罩瞬间熔化（铜的熔点低，且铜材质延展性好），形成向前喷发的高温高速金属射流，用这股金属射流的高温和压力来烧灼装甲钢，争取将其烧穿，高温熔流飞溅进车内，借此引爆弹药或油料，也能对车内乘员构成威胁。

破甲弹的原理就是依靠"三高"(高速、高温、高压)来制服坦克。在威力极大的金属射流面前，厚厚的装甲就好像一堵被高压水枪喷射的土墙，顷刻间土崩瓦解。

第四章

图说经典百科

火力主宰者——常规火炮

火炮是陆军的重要组成部分和主要火力突击力量,具有强大的火力、较远的射程、良好的精度和较高的机动能力,能集中、突然、连续地对地面和水面目标实施火力突击。火炮主要用于支援、掩护步兵和装甲兵的战斗行动,并与其他兵种、军种协同作战,也可独立进行火力战斗。

铜墙铁壁
——MK15"火神"密集阵系统

- ☆ 口径：20毫米
- ☆ 射速：3000—4500发/分钟
- ☆ 储弹：989发
- ☆ 射程：3000米

通常所指的"密集阵"，是指美国海军为解决军舰近程防空问题专门设计制造的六管20毫米口径自动旋转式火炮系统，即MK15"火神"密集阵系统。

煞费苦心。

美国航母编队虽然装备了先进反导系统，对来自一方或两方来袭的导弹防御能力很强，但对来自不同方向、多个攻击目标的防卫能力却十分有限。如果利用空中、水面、水下同时向航母发起攻击，那么航母就有可能遭到灭顶之灾。对此，美国航母通常都装备八联装"海麻雀"防空导弹发射装置和MK15"火神"密集阵系统，主要用来反击穿透舰队防空系统的导弹和飞机。

美军航母的守护神

MK15"火神"密集阵系统有何用场呢？众所周知，美军最强大、最具威慑力的武器是航空母舰，然而，航母又被苏联称作"浮动着的棺材"，其防御体系也无法做到无懈可击。因此，拥有航母的那些国家对其防御体系的建立可谓

美国海军依靠它强大的技术优势，在舰队防御领域一直走在世界的最前列，MK15"火神"密集阵系统就是它的防御系统中重要的组成部分之一。密集阵系统是美国海军舰只的最后屏障，它能有效地打击从其他防空系统漏掉的反舰导弹。密集阵是现役的唯一一种能实现自动搜索、探测、评估、跟踪、锁定和攻击威胁目标（如反舰导弹、水面水雷、小型飞行器等）的近防系统，它也可以与现有的其他作战系统和火控系统结合使用。

别具一格的火炮系统

MK15"火神"密集阵系统可以说是对火炮系统的革命性颠覆。它全部作战功能由高速计算机控制自动完成，既可由本系统控制台控制，也可以遥控方式使用，不需要炮手，反应速度极快。它包括警戒雷达、跟踪雷达、火炮、电子计算机和控制盘。两部雷达配合使用，跟踪距离为10千米。它还可在5000米内确定反射面积为0.1平方米的目标位置，并算出其运动参数，同时还可以监视己方炮弹的飞行轨迹，自动校正射击参数。其炮弹由弹体、弹芯和推出器组成。弹芯是其破坏部分，以贫铀物质制成，密度为钢的2.5倍。

在全天候作战能力方面，密集阵具有多光谱控制与跟踪能力，不受气候影响。

密集阵采用了模块化设计，除了炮位控制台与遥控台在舱外，其他设备都以模块形式装配在炮架上，体积小、重量轻，可安装在各型军舰上，如果作战时零部件损坏，可现场更换，且有良好的通用性。

该系统是美国雷西昂公司的产品，已经生产了800多套，装备了几乎美国所有的海军舰艇并出口20多个国家。

↓美军航母都安装有密集阵近防系统

日本的当家炮车
——99式自行榴弹炮

- ☆ 口径：155毫米炮
- ☆ 乘员：4名
- ☆ 全重：40吨
- ☆ 最大速度：50千米/时
- ☆ 最大射速：6发/分
- ☆ 最大射程：40000米

99式155毫米自行榴弹炮是日本陆上自卫队最新装备的自行榴弹炮，是日本以原有的75式155毫米自行榴弹炮为研制基础自行开发的新式自行榴弹炮，主要用于替代FH70式和75式155毫米自行榴弹炮。现在该型火炮主要装备北部军区各师团的炮兵部队，采用的是每连5门制。

日本榴弹炮发展史——从75到99

日本在第二次世界大战之后，一直小心翼翼，对于武器装备的研制很谨慎。在20世纪60年代后期，终于迈出了一小步，由制钢公司和三菱重工开始研制新型火炮，在1975年定型生产被命名为75式155毫米的装甲自行火炮，1978年装备部队，取代美制M-44A1式155毫米自行榴弹炮。

1983年，日本获得了特许生产瑞典FH70式牵引式榴弹炮的许可证，生产出的榴弹炮装备其炮兵团。FH70发射普通榴弹时的最大射程达到24千米，发射火箭增程弹时达到30千米。这样一来，就出现了一个"怪现象"：其时日本的最大威胁是苏联，与苏联直接对峙、本应装备最先进武器装备的北海道师属炮兵团，其自行榴弹炮的性能已落后于其他地区的各炮兵团，这是不正常的。于是，日本军方从1985年起，着手研制新型自行榴弹炮。1992年，提出了新型自行榴弹炮的战术技术指标，并开始设计和部件试制；1994年，生产出技术演示样车；1996年，开始了技术试验；1997—1998年，开始了使用试验；1999年底，定名为99式155毫米自行榴弹炮(日文名为"99式自走155毫米榴弹炮")。

昂贵是日本武器的特点

2001年，陆上自卫队装备了6辆99式155毫米自行榴弹炮，2002年装备了7辆。2002年的采购单价为9.5亿日元，约合800万美元，比以昂贵闻名遐迩的日本90式主战坦克还要贵。2003年以后，大体上每年装备6—8辆。由于军方的采购数量很有限，单价自然降不下来。

价格如此昂贵，那么其性能是否经得住考验呢？可以拿此炮与其他国家同时期的火炮作一些比较：1989年装备苏军的2S19式152毫米自行榴弹炮，发射火箭增程弹时的最大射程为28.9千米；德军装备的PzH2000自行榴弹炮的最大射程为40千米。从最快发射速度上看，2S19为每分钟7—8发；PzH2000为两分半钟20发。单从最大射程和发射速度来看，99式和它们相比相差不大，应当算在"一个档次"上。但是，从炮车的机动性和防护性来看，55吨重的PzH2000自行榴弹炮，最大速度达到60千米/小时，无疑，99式自行榴弹炮要略逊一筹。就总体性能而言，99式还是要差一截。

像99式这样水平的自行榴弹炮，未来一二十年依旧是日本的"当家炮车"。日本军方人士认为，该炮当前最大的问题是换装的速度太慢，每年采购6—8辆99式自行榴弹炮，10年才采购60—80辆。等到换装完毕，99式的性能又开始落后了。总的来说，这是一款得不偿失的"鸡肋"火炮。

↓ 加榴炮

二战魔神
——德国88毫米高射炮

- ☆ 产国：德国
- ☆ 口径：88毫米
- ☆ 战斗全重：5.5吨
- ☆ 垂直最大射程：10350米
- ☆ 水平最大射程：14500米

88毫米高射炮是由世界著名的火炮制造商克虏伯（Krupp）公司在20世纪20年代末设计（在虎门沙角炮台现尚存有一门克虏伯公司制造的155毫米大炮，但从未发挥过作用，它的第一发炮弹至今仍卡在炮膛里）的。

飞机克星

在20世纪20年代，德国开始研制射得更高、打得更快的高射炮。当时，作为第一次世界大战的战败国，德国还被严格限制发展军备，故该型火炮是在瑞士的克虏伯子公司完成设计和测试的。

克虏伯公司的设计人员预见到作为高炮的主要作战对象——轰炸机将会向飞得更高、更快的趋势发展，因此他们选择了88毫米这一在当时尚属罕有的大口径，并使其赋予弹丸较高的炮口初速，这个特点为它日后成为有效的反坦克武器奠定了基础。他们还设计了一个相当精致的自动供弹装置，使该型高炮具有很高的射速。当希特勒最终抛开限制军备条约的桎梏后，88毫米高射炮马上被德国空军（德军的防空力量归空军管辖）采用，作为中口径高炮的标准装备。

飞机克星变身坦克杀手

88毫米高射炮，是二战中使用得最成功的高射火炮，但最为人们所津津乐道的却是它无与伦比的反坦克能力。

1937—1938年的西班牙内战中，德军坦克只装有机枪和20毫米主炮，远不是苏联坦克的对手。于是，有德军将领使用88毫米高射炮作为反坦克武器。但它真正大规模地用来打坦克，并在这个领域独占鳌头，是在1940年的法国战场。

由于88毫米高射炮在反坦克方面的出色表现，德军决定进一步发掘它的潜力，在其基础上研制出专门的反坦克炮。1940年，德国军方责成克虏伯和莱茵钢铁公司展开竞争设计。最后，莱茵钢铁公司成为胜利者，其产品被定名为PAK43。PAK43装在一个四脚座盘上，可以环向射击。它具有惊人的准确度和破坏力，是极其出色的反坦克炮。据报告，它有过击毁3500米以外的坦克的记录。苏军的T34坦克在距离PAK43四百米的距离被击中后部，整个坦克发动机会被巨大的冲击力击出5米，而坦克炮塔上的指挥塔也飞到了15米以外。直至大战结束前，仍没有任何盟军坦克能抵挡它的正面一击。

↓现代的高射炮

现代战神
——PzH2000自行榴弹炮

- ☆ 名称：PzH2000自行榴弹炮
- ☆ 产国：德国
- ☆ 全长：11.67米(含炮管)
- ☆ 宽：3.58米
- ☆ 高：3.43米(至潜望镜顶)
- ☆ 最大越壕宽：3米
- ☆ 过垂直墙高：1米

德国的PzH2000自行榴弹炮是德国最新研制的一款火炮，是世界上最先进的自行榴弹炮。

继承优秀传统

德国在研制自行火炮方面具有强大的实力。第二次世界大战中，德国是自行火炮型号最多的国家，众多型号在性能、威力、技术水准等方面均表现出众。

如德军装备数量最多的T3突击炮，总量达到10 500辆；以"黑豹"坦克底盘研制的"猎豹"坦克歼击车，是当时德军最好的自行火炮，也是当时世界上最强的；以"虎王"重型坦克底盘研制的"猎虎"坦克歼击车，火炮口径128毫米，身管长为55倍口径，是德军威力最大的坦克歼击车，它所发射的穿甲弹可以击毁二战时期所有重型坦克的主装甲。

↓自行高射炮

德军还利用过时的坦克或缴获的坦克为底盘改装成自行火炮，可谓做到了"物尽其用"。

基于德国二战时在自行火炮研制上所取得的瞩目成就，德国最先进的PzH2000 155毫米自行榴弹炮，在性能、威力、机动性、自动化程度、技术水准等方面居世界领先地位，目前已经赢得不少世界之最：世界上第一种投入现役的52倍口径155毫米自行榴弹炮；世界上第一种投入现役的符合北约第二份弹道谅解备忘录的自行榴弹炮；世界上最重的52倍口径155毫米自行榴弹炮，同时具有出色的机动性；世界上第一种能改装在舰艇上的火炮；还可能是世界上现役性能最先进的自行火炮。

杀人利器的诞生

德国在二十世纪八十年代初期，同英国、意大利开始合作研制SP－70新型自行榴弹炮，用于取代各国使用的美制M－109自行履带榴弹炮。由于在发展上存在分歧，该计划在1986年底取消，相关国家自行发展。后英国发展出AS－90型履带自行榴弹炮，意大利选用本国制造的"帕尔玛利"履带自行榴弹炮，德国则展开自己的PzH2000 155毫米自行榴弹炮发展计划。

德国于1986年10月提出"2000年装甲榴弹炮(PzH2000)"研究计划。威格曼公司的研制工作从1987年10月开始，1990年研制出成炮。在1990年，德国陆军通过评估，选定威格曼公司组成的团队获胜。

在1991年，威格曼公司制造4门火炮原型，交付给德国陆军开始为期四年的全面测试。

1996年，德国陆军正式宣布PzH2000成功通过各项测试并开始批量生产，并授予威格曼公司一份合同用于生产185门PzH2000 155毫米自行履带榴弹炮。

1998年7月1日，威格曼公司正式批量生产的第一门自行火炮准时交付给德国陆军。

2000年12月18日，PzH2000火炮发展迎来里程碑时刻，威格曼公司向德国陆军交付第100门火炮。全部交付在2002年完成。据估计德国陆军需求总数有望达到450门左右。

帕拉丁战神
——美国M109A6式自行榴弹炮

- ☆ 产国：美国
- ☆ 列装：1993年
- ☆ 口径：155毫米
- ☆ 战斗全重：28.350吨
- ☆ 最大射程：30千米
- ☆ 最大时速：55千米

M109A1—A6自行榴弹炮是美军炮兵的主炮，是美国M109式自行火炮的最新改进型。与原型相比，它加长了身管，增大了射程，采用半自动装填机构，增加弹药携行量；配有自动火控计算机和车辆定位定向装置，可独立实施射击，系统反应能力、生存能力、系统可靠性和弹药的终点效应均比原型有大幅度提高。

庞大的M109家族

20世纪60年代初，美国选择了M109式155毫米作为第四代火炮。它的特点是采用专门设计的新型车体和底盘，突破了以现成坦克底盘为载车的传统。M109式155毫米自行榴弹炮发展成了一个大家族，并成为北约陆军和许多国家、地区装甲炮兵的制式装备。从1963年6月M109式155毫米自选榴弹炮正式装备美国陆军至今，经过多次改进，M109已经有了M109A1—A6等6个变型炮。

原版的M109式155毫米自行榴弹炮除采用专用底盘这一突破传统的设计外，还创造性地用铝合金制造炮塔和车体，并有可进行360°旋转的全封闭炮塔。由于车体设计合理，所以，虽然全炮各系统多年改变得面目全非，但各种变型炮车体基本保持不变。

1963年装备的原版M109，射程略显不足，发射速度较慢。于是，从1966年开始，美国就对它进行了第一次改进，定名为M109A1式自行榴弹炮，并增加了射程，使射程从14.6千米增到18.1千米。

1977年开始对M109实施第二次改进,产生了M109A2和M109A3。这次改进是在M109A1的基础上又采取了19项技术措施,总的目的是提高全系统的可靠性和可维修性。

1981年9月,美军对M109进行了第三次重大改进,即所谓"榴弹炮延寿计划"。该计划的实施结果就产生了M109A4式自行榴弹炮。改进措施多达26项,于1987年装备部队。

M109A5改进计划于1985年10月上马,主要改进方向是进一步增大射程。改进后的M109A5在射程上有了较大幅度的提高。

◆革命性的颠覆

M109A6改进计划始于1985年,即"帕拉丁"155毫米榴弹炮的发展计划。此项计划是1963年M109装备陆军以来改进规模最大、最彻底的一次,使得新诞生的M109A6有了革命性的变化。

这次改进,不仅项目多,而且改进的措施新、技术含量高。这次改进不仅仅是武器平台的进一步完善,更多的变化是武器平台上的各项设备的创新,如情报侦察、信息的获取与传递、火控系统、自动化水平等等,各个方面都有了很大的变化,使它的"看、打、毁"能力有了较大的提高。M109A6的变化,不再仅仅是机械化战争的产物,还是机械化战争形态向信息化战争形态转变的开路先锋。它的主要改进包括对炮身、炮架、机械传动系统、车体、电气、防护(生命保障系统)、火控、侦察系统等的改造。

←威力惊人的火炮

闪电轻骑兵
——法国"凯撒"自行榴弹炮

- ☆ 产国：法国
- ☆ 列装：2002年
- ☆ 口径：155毫米
- ☆ 战斗全重：17.4吨
- ☆ 最大射程：42.5千米
- ☆ 最大时速：110千米

法国是研制车载式自行榴弹炮比较早的国家之一，"凯撒"155毫米车载式自行榴弹炮于1994年由法国地面武器工业集团与洛尔工业公司合作研制而成。它将牵引式榴弹炮与载重卡车完美地嫁接在一起，为自行榴弹炮的未来发展开辟了广阔的空间，目前在军火市场上也具有较大的影响力，已装备法军并销售国外。

盘中央的火炮部分采用半自动装弹系统的装甲炮塔。炮手班为4人：炮长1人、瞄准手1人、装弹手1人、驾驶员1人。火炮身管长度为40倍口径，采用双室炮口制退器及立楔式炮栓。转入战斗状态仅需1—2分钟。在自动装弹情况下中等射速为8发/分钟，手动装弹时射速为2—3发/分钟。弹药基数为42发，可使用弹药类型包

↓博物馆中陈列的榴弹炮

"凯撒"的前世今生

"凯撒"火炮的前身是AUF1自行榴弹炮。AUF1自行榴弹炮底

括：杀伤爆破弹、火箭助推弹、烟幕弹和照明弹。射程23千米。此外，还可发射"博尼斯"灵巧炮弹。

1988年，法国对AUF1自行榴弹炮进行了改进，称为AUF1T。后来研制了新改型——AUF1TA和AUF2自行榴弹炮。AUF2与以前型号最大的区别在于采用了长度为52倍口径的炮管，弹腔容积21升。使用NR265火箭助推弹时最大射程为42千米。AUF2自行榴弹炮的摇架具有同口径火炮系统中最小的重量和尺寸。火炮装备了新型液压气动防后坐装置。射击时使用BCM和TCM模块化高爆炮弹，射速为10发/分钟。

"凯撒"横空出世

2002年，法国陆军装备了"凯撒"155毫米自行榴弹炮，停止研发AUF2自行榴弹炮。"凯撒"自行榴弹炮样车于1994年6月首次公开展示。"凯撒"自行榴弹炮的装甲舱能抵御7.62毫米以下子弹和炮弹片的杀伤。火炮部分是TRF1牵引式火炮系统的改进型（52倍口径身管），有双室炮口制退器。转入战斗状态时，位于火炮后方采用液压传动装置的支架放到地面以确保火炮射击状态稳定。从行军状态转入战斗状态，用时不超过1分钟。

"凯撒"自动化程度高，配备有GIAT与EADS公司防务电子分公司研制的先进计算机火控系统和国际技术公司的炮口初速测量雷达系统，以及激光陀螺三轴导航系统与GPS接收机。其导航、瞄准、弹道计算和指挥辅助等电子设备全部车载，具备自动数据传输、持久精确定位、自动火炮瞄准和射击后自动重新瞄准等能力，因此火炮可完全自主作战。

火炮借助于车载火控系统自动瞄准，也可借助于普通光学仪器进行瞄准。射程取决于炮弹和发射装药类型。在使用155毫米远程底部排气弹开火时，射程可达42千米。该系统可用C-130和C-160及登陆舰运输。涅克斯特公司为"凯撒"自行榴弹炮研制了有液压起重机的运输装弹车，它可运载6个炮弹舱，每个炮弹舱容纳72发炮弹（炮弹和装药）。除了模块化弹药外，还可使用普通弹药。

东亚急先锋
——韩国K9自行榴弹炮

- ☆ 产国：韩国
- ☆ 列装：1998年
- ☆ 口径：155毫米
- ☆ 身管长：52倍口径
- ☆ 战斗全重：46.3吨
- ☆ 最大射程：40千米
- ☆ 最大时速：65千米

K9自行榴弹炮是韩国世纪之交装备的一种身管52倍口径，有较强威力、较远射程、比较先进的155毫米自行榴弹炮。

朝鲜半岛上的幽灵

1989年，韩国防卫发展局开始进行新型自行榴弹炮的研制工作。关键性要求包括提高射速、射程、射击精度及缩短行军—战斗与战斗—行军转换时间以及高机动性等。所有这些将使武器系统的战场生存能力大大提高。经过竞争，韩国三星造船与重工业公司成为新型52倍口径155毫米自行榴弹炮的主承包商。

第一门样炮于1994年完成，随后，在全尺寸研制阶段又制造了3门试生产型火炮系统，其中第3门

↓韩国K9自行榴弹炮

完成于1998年。在样炮试验中，新型自行榴弹炮的机动性和射击可靠性得到了检验，截至1998年底，累计行程18000千米，发射弹药12000发。

1998年，韩国陆军将XK9定型为K9。目前已组建了第一个炮兵营，包括3个炮兵连，每个连装备6门K9自行榴弹炮。

韩国K9自行榴弹炮的装备，使得韩国成为亚洲第一个装备52倍口径155毫米自行榴弹炮的国家。

虽然说K9并不是世界上数一数二的火炮，而且不少观察家认为K9是以美国M109A2为基础研制的，还有一些观察家认为K9的尺寸和外形与英国AS90相似，再加上K9的发动机、传动装置等许多重要子系统均来自他国，种种迹象表明韩国自己的东西似乎并不多。但是为了缩短研制时间、降低成本，尽可能采用成熟技术不失为一种简单有效的方法，韩国K1式主战坦克也是一个很好的例子。

射得远，打得准

K9的火炮是52倍口径的155毫米榴弹炮，药室容积为23升，采用立楔式炮闩，装有双室炮口制退器和抽气装置。身管装有温度报警装置，用于为自动火控系统提供身管温度信息。炮尾装有多普勒式初速测量系统，测量范围为20—2000米/秒，用于为车载计算机提供弹丸初速信息。火炮发射K307式全膛增程底排弹时的初速为924米/秒，发射火箭增程弹和上述底排弹的最大射程分别为30千米和40千米。

K9自行榴弹炮还装有底火自动装填，可自动输送、插入和抽出底火。自动装填系统可从炮塔尾舱的弹丸架上取出弹丸，然后放入输弹槽，以备输弹。发射药装药为人工装填。火炮的最大射速为6—8发/分（3分钟内），爆发射速为3发/15秒，持续射速为2—3发/分（1小时内）。

反后坐装置有2个液压式驻退机和1个气压式复进机。高刚度摇架可使射击时身管的横向运动减至最小，从而提高了射击精度。

行军时，身管由安装在车体前部的行军固定器锁定。驾驶员无需下车即可遥控操作行军固定器，使身管固定或解脱，从而保证了车辆三防的完整性。

致命红宝石
——南非G6—52L式加榴炮

- ☆ 产国：南非
- ☆ 列装：1988年
- ☆ 口径：155毫米
- ☆ 战斗全重：47吨
- ☆ 最远射程：75千米
- ☆ 最大时速：90千米

南非的新型轮式火炮，具有世界先进水平，是一种具有很大威力、机动性也很强的轮式火炮。

南部非洲的明珠

1988年，火炮世界升起了一颗耀眼的新星，那是南非研发的G6轮式自行火炮。它以6个车轮扛着重47吨的榴弹炮车轻松地奔跑在沙漠荒野上，震动了国际火炮市场，不仅让那些用8个轮子肩负20多吨重榴弹炮车的世界一流轮式火炮转瞬间失去了光彩，也让曾威风八面的著名履带式自行火炮一时失语。

G6轮式自行火炮是在G5牵引式155毫米加榴炮的基础上改进而成。它使用了高强度钢制成的单筒自紧身管，膛线较深，可减少炮膛的磨损。它配置先进的AS80型计算机火控系统，各种作战数据可迅速传输到各作战人员的显示器上，提高了工作效率。它装置三合一直接瞄准镜和昼夜间接瞄准系统，因而具有昼夜作战能力。

广沃非洲任我驰

采用6×6底盘是G6对履式自行火炮设计模式的大胆突破。南部非洲地区有广阔高原沙漠，地势较平坦，公路网发达。在这样的地形上，轮式战车既便于公路机动和节省燃油，还能在可靠性、耐久性和可维修性上比履带式车辆展现优势。G6整车采用焊接钢装甲结构，车底采用双层底装甲，可抵御3枚反坦克地雷的爆炸力。较大形体的炮塔为战斗人员提供了较宽敞的战斗空间。在炮塔后部装有一套功率34千瓦的辅助动力装置，可用于充电，亦可为空调系统提供动力。炮塔两侧各有4具防护用烟幕弹发射器。

为了便于在硬沙漠地带行驶，G6的行走系统采用了低压大直径防弹轮胎，配有轮胎气压中央调节系统，可以根据不同的路面来调节轮胎的气压。因此，G6虽空重42.5吨、战斗全重47吨，公路行驶最大速度仍可达90千米/小时，最大行程为700千米。G6式可行进间射击，发射底部排气弹时，射程可达39千米。它还可发射一种新研制的子母弹，内装56个杀伤/反装甲子弹头，可用来打击装甲目标。

↓先进火炮

扩展阅读

G6自公开亮相后就获国际火炮专家一致肯定。但生产商南非迪奈尔公司仍坚持对其不断改进，又于近年推出了改进型G6－52L式155毫米自行榴弹炮，让世人再一次称奇。

G6－52L创下现今自行火炮射程最远的纪录。它采用52倍口径身管和新型炮弹即V－LAP（增速远程弹），V－LAP弹利用底部排气和火箭发动机助推实现增程。在海拔1000米的阿尔坎特潘试验靶场所进行的一次射击试验中，G6－52L炮弹初速为1.03千米/秒，最大射程达到75千米，射程概率误差为0.38%。南非陆军一名上校为此骄傲地对北约专家说："南非的火炮弹药毋庸置疑是世界上最好的。"

图说经典百科

第五章
空中闪电——火箭炮

自从这种"势如疾风,快如闪电"的超级火炮在苏联诞生之后,就一发而不可收,当仁不让地成为新的陆战主角。传统的火炮在它面前,如同一个农人站在了时尚的少女面前。

战争之神
——喀秋莎火箭炮

- ☆ 产国：苏联
- ☆ 列装：1939年
- ☆ 射程：805千米
- ☆ 口径：132毫米
- ☆ 发射管数：16管

喀秋莎火箭炮，是苏联对世界的伟大贡献之一。BM－13火箭炮是1938年10月开始试验的，1939年9月开始秘密装备，但直到二战开始，才在苏联部队中大规模装备。喀秋莎火箭炮为盟军的最后胜利立下了不可磨灭的贡献，成为纳粹德国的噩梦。在二战中，苏军中一共装备了6800门BM－13火箭炮。

从天上到地上

苏联火箭武器的研制可以追溯到沙俄时代。沙俄时代的齐奥尔科夫斯基是现代宇宙航行学的奠基人。一战爆发后，苦于飞机装备的武器威力不足，俄国人便想在飞机上安装大威力的航空武器——火箭。

十月革命胜利后，继承了沙俄火箭技术基础的苏联在航天火箭方面投入了很大的精力。1921年，专门研制火箭的第二中央特别设计局成立。经过不懈努力，苏联设计师先后研制出了可以稳定飞行400米的固体火箭，射程1300米的火箭弹，以及ＰＣ－82毫米和ＰＣ－132毫米航空火箭弹。

↓博物馆中的喀秋莎火箭炮

1938年10月，火箭炮车载实验正式开始。1939年3月，沃罗涅日的"共产国际"工厂8导轨的BM－13－16试制成功。1941年6月17日，BM－13向国防人民委员铁木辛哥元帅、总参谋长朱可夫大将以及军械人民委员乌斯季诺夫进行了成功的发射表演。6月21日，苏德战争爆发的前夜，在BM－13的定性测试尚未全部完成时，苏联政府作出决定，全力生产BM－13火箭炮及M－13火箭弹。

二战时的晴天霹雳

1941年6月30日，沃罗涅日的"共产国际"工厂开始批量生产BM－13火箭炮。7月23日，首批批量生产的火箭炮顺利地通过了测试。从此，火箭炮开始大规模生产并迅速装备部队。由于当时火箭炮属于高度机密，战士们不知其名字，只见炮架有"K"字，便爱称为喀秋莎。

在实战中发现，BM－13在泥泞路况下的越野机动性不够，便想开发一种履带式的火箭炮，于是选择了T－40水陆坦克底盘，安装了BM－8－2424联火箭炮发射器，所以就有了BM－8火箭炮的诞生。BM－8火箭弹发射器则是由PC－8282毫米航空火箭弹改进得来。不过T－40在1941年秋已经停产，车况和数量都远不能满足要求。所以定型生产的BM－8－24是以新的T－60轻型坦克为底盘的。BM－8－24的威力比BM－13小，射程也近些，不过它的机动性更好，火力密集度更高，适合打击近距离的敌有生力量和轻型野战工事。

1943年2月，苏军取得了斯大林格勒保卫战的伟大胜利。1 531门喀秋莎在战斗中发挥了巨大作用。为了对付德军的坚固火力点，苏军投入了刚刚研制成功的M－31－4火箭炮。这是一种架在地上发射的火箭炮，发射M－30 300毫米火箭弹。1944年，出现了采用M－31－4发射架的BM－30－12 12联装自行火箭炮。BM－30火箭炮在布达佩斯、布拉格、科尼斯堡和柏林等城市攻坚战中发挥了巨大的威力。

苏联总共生产了2 400门BM－8系列，6 800门BM－13系列和1 800门BM－30系列火箭炮。其中有3374门是装在卡车上的。到战争结束时，苏军已拥有7个火箭炮师，11个火箭炮旅以及38个独立火箭炮营，一大半的火箭炮都是BM－13。苏联红军的火箭炮部队已经成为整个炮兵中最具威力的部分。

高丽铁拳
——MLRS70毫米快速攻击多管火箭炮

- ☆ 产国：韩国
- ☆ 射程：7.8千米
- ☆ 口径：70毫米
- ☆ 发射管数：36管

多管火箭炮作为陆军的一种重要远程压制火器，一直以来始终在世界各国陆军中发挥着重要作用。因此，多管火箭炮的发展始终得到世界各主要军事强国的密切关注。东亚国家韩国对此也很重视，研制出MLRS70毫米快速攻击多管火箭炮。

韩国人的火箭炮情结

在朝鲜战争中曾经多次遭受苏制BM－13"喀秋莎"火箭炮毁灭性打击的韩国，对火箭炮强大的杀伤力有强烈的"亲身感受"。加上自己对面强大的朝鲜陆军同样装备有数量极其庞大的先进的多管火箭炮，于是，为了自保，韩国陆军对多管火箭炮的发展非常重视。韩国先是自行研制了KY－130型130毫米火箭炮。但由于韩国陆军对自己的技术实力心里没底，于是又花巨资从美国引进了美国陆军最先进的M－270型227毫米远程火箭炮。拥有M－270后的韩国陆军的远程打击火力得到相当加强。但是，M－270属于典型的远程火箭炮，都是配属在军级作战单位。而且履带式M－270火箭炮非常笨重，并不适合朝

↓轻型多管火箭炮

鲜半岛多山地形。于是，在全世界掀起轻型火箭炮热的形势下，考虑到自身需要，韩国陆军也着手研制新型轻型火箭炮。由于韩国陆军并没有足够的技术储备，所以此次韩国陆军又选择仿制。这就是目前被韩国自己夸得震天响的MLRS70毫米快速攻击多管火箭炮。按韩国陆军自己的说法，MLRS的性能是世界领先的。

名头大过实力的火箭炮

韩国军队武器装备基本上是"舶来品"，或者是多国产品的"大杂烩"。此次韩国陆军隆重推出的这款"自行研制"的MLRS70毫米快速攻击多管火箭炮同样如此。该炮是仿造比利时的LAU－97 MLRS70毫米火箭炮，只是将发射管数由原型号的40管变为了32管。含车辆在内的战斗全重3 860千克。目前该炮已经开始装备韩国陆军。MLRS70毫米快速攻击多管火箭炮一出世就立即被韩国陆军定性为世界第一的轻型火箭炮。那么，是否真的如此呢？

轻型火箭炮是装备给陆军轻装部队或者游击队的。这就要求火箭炮必须具备非常优异的多用性和便携性。

韩国陆军的MLRS70毫米快速攻击多管火箭炮，采用的是整体的方箱式炮身，因此该炮只能以整体形式转移，运输并不是很方便，这大大限制了该炮的便携性和机动性。而便携性和机动性正是轻型火箭炮最重要的性能要求，否则就丧失了装备意义。而且，由于采取了整体箱式炮身导致韩国陆军MLRS70毫米火箭炮只能整炮射击，没有分解为多个单独火力单位射击的灵活性。

除了火炮自身外，最重要的就是配用的火箭弹的性能。火箭弹性能的优劣往往能够影响整个火箭炮性能的发挥。目前韩国公开的资料显示，MLRS70毫米火箭炮可以使用高爆榴弹、多用途子母弹和箭形弹三种弹药。而且韩国宣称正在和美国联合研制70毫米制导火箭弹。而就在这种制导火箭弹还处于研制阶段时，韩国陆军就迫不及待地将MLRS70毫米火箭炮定性为"世界第一精确制导轻型火箭炮"。韩国陆军宣布MLRS70毫米火箭炮最远射程达到7.8千米，还可以直瞄射击。

南美雷霆
——"阿斯特罗斯"多管火箭炮

- ☆ 产国：巴西
- ☆ 列装：1963年
- ☆ 射程：85千米
- ☆ 口径：107毫米
- ☆ 发射管数：12管

巴西的阿维布拉斯公司研发了"阿斯特罗斯"多管火箭发射系统和与之配套的SS－80型300毫米口径制导火箭弹，是火箭炮家族中的新贵。

火箭导弹都能打

阿维布拉斯公司从20世纪60年代开始研发火箭炮，20世纪70年代后期推出了"阿斯特罗斯"系统，最终于20世纪80年代投产并向外出口。公开资料显示，"阿斯特罗斯"采用6轮装甲卡车底盘，长约7米，宽2.9米，高2.6米，由3名车组成员操控，配备有12.7毫米口径"勃朗宁"M2重机枪作为自卫武器。由于性价比高，"阿斯特罗斯"火箭炮曾远销伊拉克、沙特阿拉伯和马来西亚等国，并曾在两伊战争、海湾战争中亮相。

火箭炮的强大火力源于配套弹药，"阿斯特罗斯"也不例外。巴西陆军此前曾装备有SS－30型127毫米口径火箭弹、SS－40型180毫米口径火箭弹和SS－09型70毫米口径训练弹。新研制的SS－80型火箭弹也是"阿斯特罗斯"的专用弹药，其射程远达85千米，并具备制导能力。此外，阿维布拉斯公司正在为其生产的各种口径火箭弹开发弹道修正系统，以提高火箭弹的打击精度。目前，巴西陆军对阿维布拉斯公司研发的450毫米口径制导火箭弹（事实上是一种巡航导弹）也很感兴趣，因为这种导弹可集成到火箭炮的发射集装箱中。据称，该导弹采用惯性/GPS制导模式，能将

250千克重的弹头投射到300千米之外的目标区。可见,"阿斯特罗斯"既具备大面积火力覆盖能力,又可以执行远程精确打击任务。

配有飞翔的眼睛

"阿斯特罗斯"火箭炮系统能够提供最佳的目标火力覆盖功能。配备八种弹头和高精度投放系统,可以对9到90千米范围内的目标进行饱和攻击。如今"阿斯特罗斯"火箭炮系统又增添了新手段。

阿维布拉斯公司研制出一种新式无人机——"法卡奥"。"法卡奥"无人机的最大起飞重量为650千克,可搭载150千克重的载荷,飞行半径为2 500千米。尤为引人注目的是,作为同一公司的旗下产品,"法卡奥"无人机可与"阿斯特罗斯"火箭炮联合作战,为"阿斯特罗斯"装备的300毫米口径远程制导火箭弹指引目标。

在南美各国中,巴西的国防工业最为成熟,"阿斯特罗斯"火箭炮就是巴西军工业的典型代表。经过几十年的发展,"阿斯特罗斯"已成为一种能满足远、中、近程火力压制任务的综合化装备,并具备了远程精确打击能力,未来还可与无人机配合作战,发展前景十分可观。由此不难看出,巴西军工企业已将模块化火箭炮系统作为其重点发展项目,这种集中力量培植优势产品的模式,有利于巴西制造的武器装备抢占国际市场。

↓火箭炮的威力

最早的火箭炮
——110毫米特种火箭

德国人对武器有着异乎寻常的嗅觉，火箭炮的理论和技术依据出现之后，德国人就已经开始了对火箭炮的研究。110毫米特种火箭就是其研制的最早的一种火箭炮。

一战后德国人的火箭研究

中国人发明的火箭武器经波斯人传到欧洲，在19世纪欧洲各列强的战争中得到成功运用。德国现代火箭的先驱赫曼·奥伯泽和戈达得在1910年就开始进行火箭的基础研究。一战后，德国尽管经历了政治动乱、经济萧条和通货膨胀，但丝毫没有影响他们研究火箭的执着。1925年，奥伯泽和戈达得继续固态火箭的研究；

1928年，弗利兹冯欧佩尔把火箭技术用在他的"欧宝"汽车上；1929年，火箭助推的飞机开始试飞；1931年，温克勒发明了液态火箭，更是把德国的火箭技术推向世界领先的地位。当然，对由于战败受《凡尔赛条约》限制的德国国防军来说，发展以火箭为推力的投射武器，能避开对德国研制生产包括常规火炮在内的各种武器所做的严格限制；经历过1915年4月22日化学毒气战的旧帝国军人，也感觉有必要发展一种反应迅速、大口径、远射程的投射武器用于未来的化学战。德国国防军和苏联红军在拉帕洛协定下，秘密地交换和分享了双方在火箭领域的资源。

德军火箭炮的进化

在具有军事革命思想的德国国防军军官的眼中，火箭炮具备结构简单、造价低廉,在短时间内可向敌方阵地投掷大量的大口径弹药,射击后能迅速地由车辆牵引离开阵地的优点。但是受限于当时的技术水平,其射程近、弹道不稳定、命中精度差,发射时产生大量烟雾、容易受到敌方反制,这使得火箭炮在德国军备重整中处于比较尴尬的境地。

从1929年开始,德国国防军武器发展部在炮兵专家贝克博士的领导下,开始研制以火箭为动力的武器,这标志着德国在这一领域领先其他国家6—10年。在库美多夫炮兵靶场火箭研究站,两位日后对世界火箭科学作出巨大贡献的年轻尉官沃尔特多姆贝格印和冯布劳恩开始了火箭发动机的研制。一开始,德国人决定采用旋转来控制火箭飞行稳定,而不是像苏联人那样通过火箭尾翼来实现。其实英国和瑞典早在19世纪70年代就研制过旋转稳定的火箭弹,但都不太成功,主要问题是误差太大。库美多夫火箭研究站研制的第一种火箭弹弹径110毫米,编号为"110毫米特种火箭",重15千克,发射管采用长3250毫米的长方形框架,用电点火器点火,最大射程4500米。计划每个化学作战营装备18架这种发射装置。不幸的是,德国研究人员碰到了同样的精度问题,火箭的弹着点散布超过了军方的要求。因此该弹只试制了很少的数量,未进入量产装备部队。

就在110火箭弹进行研制期间,德国国防军空军的赫曼戈林团等单位开始作为试点,装备编号为"35式烟雾发射器"的发射装置,准备代替旧式的100毫米迫击炮,用于发射化学武器。该装置由一个可拆为三部分、类似榴弹炮的发射装置和一个小拖车构成,可由炮兵拖着进入阵地,每个炮组由4名炮手组成。

其后,德国人于1938年研究出了以多姆贝格尔姓名开头命名的"多氏38"(Do 38)型火箭弹,弹重53千克,弹径150毫米,在初期用框形笼式发射管来发射。Do 38火箭弹的散布非常大,最大射程达5500米。

图说经典百科

第六章

精密神剑——导弹

> 原始的战争，人是关键；之后，体力退居次席，大脑的发达程度成为战争胜负的决定因素；当导弹诞生之后，只要伸出指头轻轻一按，就能攻击几百千米、几千千米甚至上万千米之外的目标。导弹，彻底改变了战争局面。

激情斗牛士
——美国B-61巡航导弹

- ☆ 产国：美国
- ☆ 列装：1951年
- ☆ 弹头：一枚W-5核弹
- ☆ 当量：50000吨
- ☆ 弹径：12.06米
- ☆ 射程：1100千米

美国"斗牛士"巡航导弹构成了20世纪50—20世纪60年代美国空军导弹系统的主力。但随着20世纪60年代初导弹研制系统的更加完备，一批更具战斗力的武器应运而生，而"斗牛士"也像它的名字一样，在激情地燃烧最后一滴血液后，也不得不在1962年底全部退役。它的命运，深刻地映照出一个时代的风云变幻。

"无人轰炸机"

1951年，美国空军正在研讨新型导弹的生产计划。此前，一种外形和飞机极度相似，作战使命也类似于无人轰炸机的新型导弹引起了美国空军的兴趣。于是它就得到了一个轰炸机编号——B-61，试验型号XB-61和YB-61。生产型号B-61A，导弹的绰号就叫"斗牛士"。截至1946年，总共制造了46枚试验弹。1952年开始投入生产，美军首批订购了84枚。

B-61A几乎就是一架无人轰炸机，导弹全长12.06米，翼展8.74米，弹径1.37米，采用蜂窝结构的上单翼，后掠角30度，展向有扰流片，用来控制导弹的航向。弹头呈卵形，装有核弹头，中部为细长圆柱体，腹部有发动机进气口，尾部装有垂直尾翼和水平尾翼，后掠式水平尾翼位于垂尾顶端。各尾翼均没有舵面，主要依靠水平尾翼的偏转来实现导弹的俯仰，在三尾翼的交接处有一圆柱体，内部装有接收天线

↑"斗牛士"导弹曾出现在朝鲜战场上

和接收机。弹身和弹翼结构的主要材料为镁合金。导弹的弹头为W—5核弹，最大爆炸当量50000吨，弹头重1360千克，如果采用常规弹头，则是一颗重1360千克的高爆弹头。

斗牛士的动力装置为一台发动机和一台助推器，主发动机最大推力20.45千牛，巡航推力17.35千牛，由于技术的局限，它的工作时间一般都在10小时以内，燃料为标准煤油。助推器推力231.39千牛，工作时间2秒。导弹总重5440千克，巡航速度0.9马赫，最大航程1100千米。

1955年，由于美军更新武器系统编号，B—61A就被赋予新的战术导弹编号TM—61A。它还有个同胞兄弟，即TM—61A的改进型 TM—61C。由于斗牛士A型并不是一种比较完善的武器系统，在投入使用后不久就暴露出了种种的问题，随即就有了斗牛士B的研制计划。但由于斗牛士B的研制周期相当漫长，美国空军就将视线再一次转移，即在A型基础上，研制一种技术含量较低的改型，以便较早服役。于是，人们就把这种导弹的编号叫作TM—61C。C型弹和A型的外形基本相同，只是将制导系统充分升级，替换成了指令加脉冲式近程双曲线导航制导系统。这种导航方式增加了斗牛士C的自主能力，其作战能力也相应地得到提高。斗牛士C于1954年开始研制，1957年开始装备取代TM—61A。从1957年至1960年，美军总共向大西洋靶场发射了74枚TM—61C，在这基础上计算出了TM—61C在822米的圆概率误差下，可靠性为71%。

美国空军共制造了1200枚斗牛士导弹，1962年底已全部退役。作为美军历史上的第一代巡航导弹，TM—61的服役历史相当的短暂，但其改进型TM—61B由于改进颇大，为此赋予新的导弹编号TM—76，绰号马斯，继续留在美军中服役。

斩首行动
——美国"战斧式"巡航导弹

- ☆ 产地：美国
- ☆ 直径：0.527米
- ☆ 射程：2 500千米
- ☆ 列装：1983年
- ☆ 当量：1.2吨TNT

↓"战斧式"巡航导弹可通过潜艇进行发射

战斧巡航导弹是美国研制的一种从敌防御火力圈外投射的纵深打击武器，能够自陆地、船舰、空中与水下发射，主要用于对严密设防区域的目标实施精确攻击。其由通用动力公司推出，历时十年，于1983年装备部队，具有低空飞行、命中率高等特点。

发展历史

20世纪70年代初期，美苏签署了限制洲际弹道导弹"第一阶段限制战略武器条约"，两国开始大力发展巡航导弹。在这个时间段，美国推出了"战斧"式巡航导弹。其命中精度（圆概率误差）的理论值为6—10米，在海湾战争中的实际命中精度为15—18米。

1991年海湾战争中，除继续生产新研制的Block 3型导弹外，还要求将库存的Block 2全部改装成Block 3，该导弹属舰（潜）对陆型，以BGM－109C/D为基础加以改进，1993年装备部队。其采用先进的F107－WR－402型发动机，射程为1667千米（舰射型）或1127千米（潜射型），巡航速度0.72马赫，战斗部采用WDU－36B钝感炸药高效战斗部，采用惯性和GPS+DSMAC2A制导。现在，美国在导弹智能化方面又有新进展，被称为越来越聪明的导弹。

结构特点

陆射型"战斧"巡航导弹主发动机采用F－107－WR－450涡扇发动机，推力267千克，助推器为固体火箭发动机，推力3110千克。制导系统为地形匹配制导辅助的惯性导航系统，雷达高度表测高。核弹头当量1万—5万吨。

"战斧"式巡航导弹由四个重要部分组成：战区任务计划制定中心（TMPC）、舰上计划制定系统（APS）、水面舰只战斧武器控制系统（TWCS)和潜艇作战控制系统（CCS）。

性能评价

"战斧"式导弹的优点在于：飞行速度快，在航行中采用惯性制导加地形匹配或卫星全球定位修正制导，可以自动调整高度和速度进行高速攻击。导弹表层有吸收雷达波的涂层，具有隐身飞行性能，是美国军械库中最有威力的"防空区外发射"导弹。这种巡航导弹的射程可以超过2500千米。雷达很难探测到飞行的"战斧"导弹，因为这种导弹有着较小的雷达横截面，并且飞行高度较低。

该导弹的不足在于：由于导弹携带的发动机、制导系统和燃料负载限制了弹头的尺寸，所以"战斧"式巡航导弹打击钢筋混凝土目标时效果不是太好；精确度不如激光制导炸弹，而且容易发生机械故障；造价远高于常规炸弹等。

阴险"飞鱼"
——法国"飞鱼"导弹

- ☆ 产国：法国
- ☆ 列装：1977年
- ☆ 弹头：高能炸药40千克
- ☆ 直径：0.35米
- ☆ 射程：70千米

"飞鱼"导弹具有体积小、重量轻、精度高、掠海飞行能力强以及"发射后可以不管"、全天候作战能力等特点，主要装备在直升机、海上巡逻机和攻击机上，用以攻击各种类型的水面舰船，也可从陆地、舰上和水下不同地点发射。

↑法国"飞鱼"导弹

看不见的"飞鱼"

法国模仿飞鱼的超低空飞行，研制了一种超低空掠海飞行的空舰导弹，用以避开雷达的监测。这种导弹发射后，掠海面飞行，对方雷达很难发现，形似飞鱼飞行，因而叫作"飞鱼"导弹。

"飞鱼"导弹可以挂载在法国的"超军旗""超美洲豹""幻影"50、"大西洋"海上巡逻机，"超黄蜂"和"海王"直升机等。

"飞鱼"导弹外形采用典型气动布局，4个弹翼和舵面按X型配置在弹身的中部和尾部。制导方式为惯性加主动雷达制导。导弹在自控段采用惯性导航，在自导段采用主动雷达导引头实施末段制导。代号是AM39的"飞鱼"导弹战斗部为带冲击效应的聚能穿甲爆破型，同时兼有破片杀伤能力，入射角为60°，击中目标时，能穿透12毫米厚的钢板在舰内爆炸。战斗部上装有延时触发引信和导引头控制的近炸引信两种引信，有机械、惯性和气压三级保险装置，从而可以保证战斗部适时解除保险，准时爆炸。整个战斗部总重160千克，装有高能炸药40千克。

千克，用涡轮喷气发动机取代原发动机，使射程大幅增至180千米，末端机动性和突防能力大幅增加；二是采用了推力矢量技术，能在发射后立即转向目标，从而具备垂直发射能力；三是优化了弹体外形，降低了雷达反射面和红外信号特征；四是换装了新的主动雷达导引头，并加装了GPS制导系统，不仅提升了抗干扰能力，且能对沿岸陆上特定目标进行精确打击；五是采用了新的任务软件和导航模块，因而能根据需要选择多种飞行轨迹，使多枚导弹在同一时间内，在不同方向、不同高度对目标实施"饱和攻击"；最为突出的是，可在中途临时更换打击目标。

同时，新款"飞鱼"导弹，通用性良好，那些装备了老式"飞鱼"的平台，均可轻易换装。

知识链接

·"飞鱼"新一代·

法国于2002年10月开始研发一种"飞鱼"反舰导弹最新成员，将使战斗力在原来水平上有进一步提升。据悉，新款"飞鱼"导弹同老式"飞鱼"相比，具有独特的优越性：一是弹重减轻，由870千克降至780

↓"飞鱼"反舰导弹

俄国定海神针
——"白杨"-M洲际弹道导弹

- ☆ 产国：俄罗斯
- ☆ 列装：1998年
- ☆ 弹头：3—4个分导式多弹头
- ☆ 直径：1.86米
- ☆ 射程：10500千米

"白杨"-M是一种技术性能先进的陆基战略导弹。其采用抗核加固型单弹头，投掷质量为1.2吨，弹头威力为55万吨TNT当量，相当于27.5个美军于1945年投放在日本广岛的原子弹，命中精度的圆概率偏差达350米，使用寿命为15年。

击破美国防空网的利器

"白杨"-M导弹系统的研制工作始于20世纪80年代后期，它是"白杨"（SS-25）导弹的改进型。1994年12月20日，"白杨"-M导弹进行了首次试射，原计划进行7次试射，实际上只进行了4次。1997年7月8日，在普列谢茨夫靶场"白杨"-M导弹进行了第4次发射试验，也是定型前的最后一次发射。设计者们认为，在"白杨"-M导弹系统研制、试验过程中，以及在其战术技术性能指标中有很多"第一"，甚至在世界上也是首次。如第一次为高防护性的井基和机动陆基发射装置制造了标准化统一的导弹；首次使用了新型试验系统，借助它可检验导弹系统在地面和飞行状态下各系统和组件的工作状态和可靠性，这可大大缩小传统试验规模，减少费用。

↓"白杨"-M洲际弹道导弹

第七章

图说经典百科

陆战先锋——坦克

坦克诞生后,就成为当之无愧的陆战之王。它坚固的装甲,威武的火炮,让战士们皆为之心折。它是一个梦,是一个战士心中永远的梦:风驰电掣的速度,横冲直撞的铠甲,所向披靡的火力,这样的战争,才是真正的酣畅淋漓!

没落贵族
——挑战者主战坦克

- ☆ 产国：英国
- ☆ 列装：1983年
- ☆ 全重：62吨
- ☆ 速度：56千米/时
- ☆ 乘员：4人

英国二战之后发展的最新坦克，主要有"挑战者1""挑战者2""挑战者2E"三种型号，是英国陆军的主力装备，也是世界上较为先进的一种主战坦克。

与众不同的坦克

在新世纪世界著名主战坦克中，英国的"挑战者"有着更多与众不同的特点。

一是这种坦克一直坚定不移地沿用120毫米的线膛炮。在其他各国的主战坦克已经几乎全部采用了120毫米的滑膛炮的年代，只有挑战者坦克依旧一如既往地青睐线膛炮，让人不得不感叹英国人对于传统的坚持，而不宜宣传的内部原因是：在英国国内，已经没有能够生产出像样的滑膛炮的厂家。

挑战者系列坦克如同英国以往的其他坦克一般，重视火控系统而轻视动力系统。这是因为英国人认为：坦克瞄得准打得稳就够了，没有必要再让它跑得快，那属于浪费。

挑战者系列坦克首创了"乔巴姆"复合装甲，至今"乔巴姆"的结构仍然保密。"挑战者2E"是"挑战者2"坦克的发展型，在机动性、目标搜索和生存能力等主要方面都有加强。它增强了目标跟踪能力，能够更快速地攻击运动目标。

首屈一指的火控

历数现役的各种主战坦克，

英军"挑战者2E"型主战坦克的指挥以及火控装置堪称最强。此车配置的车长周视潜望瞄准镜以及炮长瞄准镜都安装有独立的热成像仪和激光测距机。车载计算机能同时运算车长及炮长标定的两组火控数据，在跟踪瞄准第一个目标的同时，搜索并锁定第二个目标。当第一个目标被消灭后，只需按下按钮，炮口即可自动转向攻击第二个目标。这样可以无间隙地操纵火炮。

挑战者2型主战坦克几乎可以同时对付两个目标，将射击循环时间降至每2发6秒钟左右，这已经达到现役主战坦克火控系统的技术极限。

↓正在训练的坦克

陆上霸主
——艾布拉姆斯主战坦克

- ☆ 产国：美国
- ☆ 列装：2005年
- ☆ 全重：67吨
- ☆ 速度：68千米/时
- ☆ 乘员：4人

M1A2SEP坦克是美国艾布拉姆斯系列坦克的最新改进版，号称世界上最先进的坦克，运用了很多先进技术和新材料。

号称天下第一

M1A2SEP坦克是美军现役最先进的坦克，美国人也自认为"天下第一"。这种坦克的先进主要体现在"SEP"上。"SEP"是指战车的整个系统，涉及观察瞄准、火力控制、武器、动力、通信、防护和车辆管理等多个方面。这种坦克配备了车长独立瞄准镜，车长可以通过这种瞄准镜，搜索和瞄准新的目标，而不妨碍炮长正对敌方目标进行攻击。美军在装备这种坦克之后，虽然还没有遇到更强硬的对手，但在阿富汗和伊拉克的表现可以用无敌来形容，各方面的综合性能非常优越。当然，这也与对手的相对弱势有一定的关联。这种武器也与美军的其他武器一样，对后勤的压力极大，维护费用相当惊人，也只有美国人才用得起。

↓在伊拉克的美军艾布拉姆斯

普鲁士骑士
——豹-2A6主战坦克

- ☆ 产国：德国
- ☆ 列装：1979年
- ☆ 全重：60吨
- ☆ 速度：72千米/时
- ☆ 乘员：4人

联邦德国20世纪70年代研制的主战坦克，其战斗全重60吨，乘员4人，坦克最大速度72千米/小时，最大行程550千米。主要武器有120毫米滑膛炮1门，配有尾翼稳定脱壳穿甲弹和多用途弹，弹药基数42发。

阴错阳差的诞生

1970年，当时的联邦德国准备和美国联合研制一种新型坦克，可是后来美国单方面撤出，于是联邦德国便作出单独研制的决定，并且命名为豹-2坦克。因为豹式坦克在二战中曾经名扬世界，第一批豹-2式坦克从工厂下线后，各项指标都非常优秀，让德国陆军非常满意。1978年年底，豹-2式坦克被联邦德国国防军用于部队训练。

真正的欧洲猎豹

豹-2主战坦克自身重量55吨，乘员4人。车体和炮塔均采用间隙复合装甲，车体前端呈尖角状，增加了厚的侧裙板。其安装有120毫米滑膛炮，装有热护套和抽气装置，配备坦克弹药42发，其中27发储存在驾驶员左边的车前部分，15发储存在炮塔尾舱里。

它的炮弹是壳穿甲弹和多用途破甲弹两种。另外还包括莱茵mG3A1式7.62毫米并列机枪和mG3A1式7.62毫米高射机枪。炮塔两侧后部各装1组烟幕弹发射器，每组有8具发射器，用于施放烟雾，以保护自己。

↑主战坦克

豹－2坦克装有mTU的mB873Ka－501型发动机，功率为1103kW(1500马力)。它的最大速度72千米/小时，最大越野速度45千米/小时，可以连续行进550千米。这在当时的同类坦克中是绝对的佼佼者，所以它一诞生，就跻身世界优秀坦克的行列。

豹－2坦克是德国陆军的主战坦克，也是欧洲范围内最具威胁的陆战武器。据不完全统计，这种坦克先后生产了2000多辆，除了德国陆军，还有其他一些国家装备使用了豹－2主战坦克，其中包括荷兰购买了445辆，奥地利从荷兰那里接收了114辆，西班牙陆军向德国租借了108辆，丹麦和瑞士各购买了51辆和380辆，土耳其也购买了一批豹－2坦克。

知识链接

1942年，德军在苏联战场上被一种苏联坦克打得很狼狈，这就是二战著名的苏氏T－34坦克。这种坦克重量大，防护能力强，而且速度奇快，可以说集中了当时坦克的所有优点。希特勒知道后很恼火，马上让研制一种超越T－34的新型坦克。

为了了解这种坦克的情况，德军花大力气从战场上拖回2辆T－34坦克，进行研究设计，一年之后终于造出了一种新版式坦克，希特勒将其命名为豹式坦克。可是这种坦克由于时间仓促，制作粗糙，性能很不稳定，经常中途抛锚，成为笑柄。直到1944年，这种坦克才慢慢地稳定，在战场逐渐发挥了威力，可是德军败局已定。

豹式坦克是在战场上唯一能对抗苏联T－34的武器，直至战争结束，一直被认定为德国在二战中最出色的坦克，并与苏联的T－34/85齐名。尽管豹式坦克没有挽救德国法西斯的命运，但这种坦克和它的名字一样，成为一个时代的象征。

东瀛武士
——90式主战坦克

- ☆ 产国：日本
- ☆ 列装：1990年
- ☆ 全重：50吨
- ☆ 速度：70千米/时
- ☆ 乘员：3人

日本90式主战坦克是20世纪80年代研制，20世纪90年代初装备的一种主战坦克。它刚刚面世时，曾经引起轰动，多次在《世界主战坦克排行榜》上名列榜首，但在各国的新式坦克面世以后，多次未能进榜。

天价坦克

日本研制的新型坦克在1982—1984年进行第一次整车试制时，制造了2辆样车，进行了技术试验。1986—1988年进行技术试验，在1990年定型并投产。

在装甲防御上，90式也秉承了德国豹－2式坦克在这方面的优越传统，几乎是原封不动地抄袭。武器方面，90式采用的莱茵钢铁120毫米滑膛炮，是当时世界公认的最先进的坦克火炮，2000米以内可以击穿俄国80式主装甲。

但是，这种在20世纪90年代初的坦克排行榜上独占鳌头的先进坦克，有一个巨大的缺陷：价格。这种坦克的研制总经费约300亿日元，其单价将达12.1亿日元（相当于850万美元）。美国原计划采购800余辆（与74式坦克总采购量相同），但因价格昂贵，采购数量大大缩减，被控制在了400辆以下。其高昂的价格甚至连日本自己都难以承受，每年只能购进6辆。

日本也山寨

日本90式主战坦克是结合了

↑博物馆中的主战坦克

来自美国Ｍ１Ａ１以及德国豹－２式坦克等先进成熟的技术黏合而成的。它的动力部分，基本与德国豹－２Ｃ３式坦克相同。而在火力控制系统方面，则采用了美国Ｍ１Ａ１坦克的环境战场监测的部分技术。

远看９０式坦克的轮廓和框架，都和德国的豹－２有些相似，车体和炮塔的形状都是扁平且方正的，但90式的个头和体重要小得多，车下部负重轮和车上部烟幕弹发射器也少。它车体长7.5米，宽3.43米，高2.3米；最大重量50吨，比豹－２及改进型要轻5—10吨。外形尺寸小和低车结构是它有别于德国坦克的主要外部特征。

90式坦克武器系统装置了典型的德国莱茵公司精品120毫米滑膛炮，那是日本制钢所获得德国莱茵金属公司许可生产的世界标准型火炮，威力很大。

90式坦克与世界其他最先进坦克的突出差距是没有采用数字化信息系统。虽然单辆90式性能并不逊色，可它不能使坦克群结合成一个整体，难以发挥高度一体化的战斗能力。

二战战场上的最强音
——T－34主战坦克

- ☆ 列装：1940年
- ☆ 全重：32吨
- ☆ 乘员：4人
- ☆ 时速：55千米

T－34坦克是苏联于20世纪40年代到20世纪50年代生产的中型坦克，在坦克发展史上具有重要地位。这种坦克一共生产了约8万多辆，而且其设计思路对后世的坦克发展有着革命性的深远影响。

名家绝笔

T－34坦克是哈尔科夫共产国际工厂著名设计师科什金的杰作。塔西诺夫为其设计了车身，采用革命性的斜面装甲，防护能力大为提高。

T－34坦克不仅继承了苏联坦克优秀的机动性能，火力和防护能力也有极大飞跃，其优异表现压倒了当时的现役坦克。在T－34坦克尚未完成样车之前，苏联领导层就决定同意用T－34装备苏联红军。1940年1月底，首批坦克驶离哈尔科夫的工厂生产线，后人称为T－34/76A。2月初，2辆T－34在进行哈尔科夫—莫斯科—斯摩棱斯克—基辅—哈尔科夫的长途行驶试验中，给在莫斯科红场观摩试验的斯大林留下深刻印象。

科什金因患肺炎于当年9月26日病逝，最终没有看到绝笔之作T－34的精彩表现。其助手莫罗佐夫接替了他，T－34坦克1940年6月完成生产图纸，随即大批量生产。T－34坦克具备出色的防弹外形、强大的火力和良好的机动能力，特别是拥有相对较高的可靠性，易于大批量生产。

T－34/76A坦克于1940年完成115辆，并将一部分派往芬兰实战试验，但未能来得及参加战斗。至

1941年6月22日德国入侵，苏联共完成Ｔ－34坦克1225辆，大大超过了同期Ⅳ号坦克的数量。至莫斯科会战前夕，已有1853辆Ｔ－34交付部队使用。

二战中的Ｔ－34主战坦克

Ｔ－34/76A主战坦克于1941年6月22日在白俄罗斯格罗德诺首次参战，在此后一系列战斗中，德军竟找不到可以与之抗衡的坦克，这就是"Ｔ－34危机"，导致了德军大量坦克的过时，德军被迫推出更新型的坦克以应付局面。作为应对措施，德国Ⅲ号改装长身管50毫米炮，Ⅳ号坦克则改装长身管的75毫米炮，同时都大大加强防护力，可有效对抗Ｔ－34/76A。同时，德国又开始研制Ｖ号"黑豹"式（豹式坦克）和Ⅵ号"虎"式，其中前者明显借鉴Ｔ－34的一些特征。

包括Ｔ－34/76A在内的各型苏联坦克也存在明显缺陷，主要是没有全部配备车际无线电联络设备，一般是几辆Ｔ－34中只有一辆指挥坦克拥有无线电设备，坦克之间联络还依靠旗语。同德国主战的各型坦克（Ⅲ、Ⅳ、Ⅴ、Ⅵ）基本都配备无线电相比，协同作战能力相差不少，所以当编队行进作战时难以充分发挥坦克的优异性能，特别是遭遇突发情况时应变能力差。所以，由一辆性能不怎么样的Ⅲ号坦克，击毁多辆Ｔ－34的战例屡见不鲜。后期随着英美根据租借法案援助的无线电设备及苏联本国设备的量产，至1943年夏，75%的车辆装备了电台。到了1944年，电台装备率达到100%，这个弱点才逐步改观。说到车内联络，由于没有炮塔吊篮，车长还可以通过用脚踹驾驶员的后背传达命令，左肩是左转，右肩是右转，中间是停止。

1943年秋天起，针对德国已经出现豹式和虎式坦克，Ｔ－34安装85毫米炮，加强了装甲，定名Ｔ－34/85型坦克。无线电通信设备成为标配，增加了一名装填手。12月15日，Ｔ－34/85被批准投入大量生产，取代Ｔ－34/76A，成为战争后期苏军机械化部队主力装备。

↓豹式坦克

铁血战车
——梅卡瓦MK4主战坦克

- ☆ 产国：以色列
- ☆ 列装：2003年
- ☆ 全重：65吨
- ☆ 速度：70千米/时
- ☆ 乘员：4人

梅卡瓦MK4主战坦克是中东军事强国以色列最新装备的主战坦克，在中东地区纵横捭阖，未尝一败，是一种非常成功的坦克。

为战斗而生

立国于中东地区的以色列，在四面楚歌的情况下，对于坦克极其重视。1967年第三次中东战争结束之后，以色列人决定自己研制一种更适应中东战场的坦克。新坦克的设计工作始于1967年初，1974年制成第一辆样车，1977年正式装备，起名梅卡瓦。"梅卡瓦"是希伯来语，意思是"战车"。

梅卡瓦刚刚装备，就得到了实战机会，在1982年夏季的黎巴嫩战争中，梅卡瓦第一次亮相，就吸引了人们的眼球：取得了以极小的代价击毁叙利亚军队装备的苏联T-72坦克19辆的骄人战绩。

矗立于沙漠之上的"移动堡垒"

梅卡瓦MK2坦克于1983年12月交付以色列陆军，梅卡瓦MK3型坦克于1987年投产。

2002年6月，以军又公开展示了新研制的梅卡瓦MK4型坦克。

梅卡瓦MK4型坦克装有最新的目标自动跟踪系统，能锁定几千米外的敌方地面运动目标和低空飞行直升机进行攻击。在防护方面，它周身披挂模块化复合装甲，并配装了先进的激光报警装置。坦克四面安装了四部监视器，可随时掌握周边各个方向的情况，俨然是一座"移动堡垒"。

瓦Mk4在面对巴勒斯坦武装部队的单兵武器时简直就可以说是无敌的"钢铁巨兽"。

以色列起初于2003年3月订购了3辆梅卡瓦Mk4样车，并计划以每年50辆的速度装备部队。如果这一计划能够顺利实施的话，到2014年时，以军将装备500辆以上的梅卡瓦Mk4型坦克，加上目前已经拥有的1700余辆梅卡瓦1、2、3型坦克，其陆战实力足以傲视中东。

扩展阅读

以色列军方一向对坦克的主动防御系统抱有浓厚的兴趣。目前，以色列国防部正在同拉斐尔公司商洽为梅卡瓦Mk4加装车载反导弹系统，该系统可对飞行中的反坦克导弹进行拦截。有了这些防御利器，梅卡

↓梅卡瓦坦克

黑鹰翱空
——俄罗斯T-80UM1坦克

- ☆ 产国：俄罗斯
- ☆ 列装：1999年
- ☆ 全重：48吨
- ☆ 速度：70千米/时
- ☆ 乘员：3人

T-80UM1黑鹰坦克是苏联开始研制，经俄罗斯接力研制而成的一种先进的主战坦克，是俄罗斯陆军的希望，也是俄罗斯军工企业的救星。

难产的黑鹰

20世纪80年代中期，面对西方国家新型主战坦克此起彼伏的服役，苏联决定发展全新一代的主战坦克，以求在与西方坦克的对抗中占据优势。1986年，苏军正式提出了新一代主战坦克的战术技术要求，莫洛佐夫、下塔吉尔等坦克设计局闻风而动，倾全力投入到新一代主战坦克的研制中去。

1987年，黑鹰坦克的研制工作开始展开，苏联解体后，研制工作曾一度中断，但在下塔吉尔设计局推出T-90坦克，特别是在T-95研制工作因技术问题而停滞不前的时候，黑鹰坦克的研制工作飞速前进。

直到1999年，一辆真正的"黑鹰"坦克在第三届鄂木斯克地面武器展览会上露面。

黑鹰升空

"黑鹰"主战坦克仍继承了T系列坦克传统的总体布置方式，车体从前至后分别为驾驶舱、战斗室和动力舱，乘员3人。车体为全焊接钢装甲结构，驾驶员位于车体前部中央，有1扇向右打开的滑动式舱盖。舱盖上装有3具潜望镜，需要时，中间的1具可换成微光或红

外潜望镜。

"黑鹰"主战坦克采用与西方第三代主战坦克相似的尾舱式大倾角炮塔,车长和炮长的位置分左右布置。车长指挥塔舱门向前开启,顶部安置了3具后视潜望镜,指挥塔四周安装有5具潜望镜,正前方安装了1具热像仪。炮长舱门也向前开启,舱门正前方也有1具热像仪,右侧安装1挺12.7毫米的高射机枪。在炮塔的后部左右两侧各有一组4具烟幕弹发射器。

扩展阅读

作为苏联的实际继承者,俄罗斯拥有原苏军绝大部分的装甲部队,这包括原驻东德、捷克、匈牙利等东欧国家的精锐装甲集团军,还有驻西伯利亚的庞大装甲部队。这些部队拥有世界上最厉害的武器和最强的战斗力。它还继承了原苏联最大的四个坦克生产厂中的三个:基洛夫坦克厂、车里雅宾斯克的坦克城和下塔吉尔的坦克厂。可是,俄罗斯岌岌可危的经济状况,使得国防部门没有资金采购更先进的武器装备。资金的不足,直接导致装备严重老化,武器来不及更换,士兵们身体状况变差,没有时间和金钱用来训练。以至于俄军在第一次车臣战争中大失水准,不仅没有达到预期目的,还损兵折将,在国际社会上声誉受损。

20世纪90年代中期,俄罗斯经济状况有所好转,它又开始努力恢复它的大国身份。各坦克设计局纷纷拿出了他们的新作:T80YK、T90、"黑鹰",还有最近公开的T-95等等。这些坦克有的是在原来坦克基础上改进而成的,有的则是全新设计的。其中最先进的还属黑鹰。

↓ 苏联的坦克陈列

体型庞大的坦克
——德国虎式坦克

虎式重型坦克即"虎I"坦克，是第二次世界大战期间纳粹德国制造的重型坦克。"虎I"坦克自1942年进入德国陆军服役，至1945年德国战败投降为止。

敌人是最好的老师

虎式坦克是由德国亨舍尔公司研制的。1933至1945年期间，亨舍尔公司生产了大量的战车、导弹与军用飞机，其中最为著名者即虎式战车。虎式坦克于1937年春季开始研发，研发过程几经周折。到1941年，亨舍尔公司和其他三家竞争对手（保时捷、MAN和戴姆勒·奔驰）分别提交了一款35吨左右、配备75毫米火炮的坦克设计方案。然而德军在总结对法国军事行动中，遭遇到敌方坦克的威胁时，发现地面防空部队的88毫米防空炮在一次违规操作中将来袭的20多辆英法联军坦克杀得大败而归，遂在1938年国会中强烈要求将88毫米炮装到新型坦克上。伴随着苏联T－34型坦克的诞生，宣告了这些设计的必要与紧迫。据亨舍尔公司一位设计师说："军事专家深为震惊，他们发现当时德军装甲部队竟无一款坦克能与T－34匹敌。"于是，定制标准立刻提高，包括车重增加到45吨，并配备一款88毫米火炮。新坦克的原型车必须在1942年4月20日阿道夫·希特勒的生日上亮相。由于研发时间有限，原先较轻的底盘设计被保留。增加的重量使得一些部件需承受更大的压力，因而该车可靠程度、稳定性相对降低了。不像豹式坦克，虎式坦克丝毫没有借鉴T－34坦克的设计经验——斜坡式装甲在防穿透方面的优势。但采用厚重、制造质量优良的直面装甲，实战中表现也毫不逊色。

↑博物馆中的水陆两栖坦克

战场上的坦克生产

虎式坦克在生产出来之后被匆忙投入实战，其实最初漏洞百出。因此，所有大小改动，都直接在生产环节上完成。最为显著的改动是后期型号降低了炮塔，并为乘员提供更为安全、较易于逃生的驾驶舱。为降低成本，防水能力和空气净化/调节系统被取消了。

虎I在1942年8月开始生产，而在1944年8月生产了1355辆后停止。虎I刚投入生产时，平均每月25辆，而1944年4月已增长至每月104辆，在1944年7月1日达到671辆。后来由于英军轰炸机昼夜不停地对德军的兵工厂进行轰炸，导致虎I坦克的产量下降了一半多。当IS－2坦克出现在战场上时，虎I已经没有优势，而且虎Ⅱ（Tiger Ⅱ）开始在1944年1月生产，虎I逐步被淘汰。

在诺曼底登陆战中，虎式重型坦克达到了巅峰，一位德军上尉驾驶虎式坦克把英军25辆坦克打掉，同时还摧毁了28辆半履带车辆和卡车。同时，在东线（马里诺沃小村）一场战斗中也有一辆虎式坦克干掉了20多辆包括先进的IS2重型坦克在内的苏军坦克。但是，当时这些苏联坦克正在小镇空场上热车，苏军车组完全没有想到刚击退的德国坦克师，居然碰巧遇到了一个虎式小队的支援，而且这支小队里居然有3个是德国虎式王牌前五名中的。由于战术优秀，两台侦查进村的虎式坦克不到两分钟摧毁8辆还在热车的斯大林2型坦克。从这里可以侧面了解虎式坦克炮弹再装填的速度。

图说经典百科

第八章

陆军移动碉堡——装甲车

装甲车是坦克的补充,是坦克的简化版,是坦克的改进型。坦克固然优秀,但是它笨重的身躯、狭小的空间,以及对后勤的无比依赖,都是制约它更上层楼的致命因素。因此,装甲车应运而生。它是坦克的补充,是坦克的后盾,是坦克前进的支撑。

未来战车
——斯特瑞克M1126

☆ 产国：美国
☆ 列装：2001年
☆ 武器：自行榴弹炮
☆ 全重：17.23吨
☆ 乘员：9人

"斯特瑞克"是加拿大通用动力和通用动力路上系统分部研制和生产的。其重量轻，机动灵活，是美国快速反应部队的主力。

新型装甲车将成为陆军过渡战斗旅的主要武器。美国陆军计划从通用汽车公司的通用动力地面系统防务集团购买2000辆"斯特瑞克"中型装甲车，在接下来的10年中，装备6个过渡战斗旅，每个旅将配备300辆新型装甲车。

与美军轻型装甲部队的现役装备相比，"斯特瑞克"装甲车火力更强大，防护性能更好，但它的灵活性又优于美军重型装甲部队的"艾布拉姆"布雷德里步兵战斗车和"艾布拉姆"主战坦克。

快反部队的新星

1999年，美军决定建立真正的快速反应部队，需要与快速反应相适应的中型装甲车辆（IAV），故而实行招标。2000年，加拿大通用动力和通用动力路上系统分部赢得合同，后定名为"斯特瑞克"。

未来美军之主力

"斯特瑞克"是高度信息化的战车。

SBCT，即斯特瑞克战斗旅，是以斯特瑞克为主要武器的快速反映部队，包括第三旅、第一旅、第一七二独立轻型步兵旅、第二骑兵团、第二旅、第五十六旅。

"斯特瑞克"旅，实际上因车而得名。所谓"斯特瑞克"旅，就是装备"斯特瑞克"轮式装甲车的陆军旅，该装甲车是这个旅的核心战斗平台。这是一种8轮轻型装甲车，具有重量轻、体积小等突出特点。

这似乎已经成为美国陆军未来发展的指向标。

扩展阅读

"斯特瑞克"（stryker）这个名字来源于美国陆军的两名士兵。一名是上士罗伯特·斯特瑞克，在越战中阵亡，被授予荣誉勋章。另一名是二战中阵亡的一等兵斯图亚特·斯特瑞克，他也被授予荣誉勋章。这两名牺牲士兵之间没有任何关系。这也是美国陆军第二次以军人名字命名武器。上一次是在20世纪80年代早期，当时陆军以一战时期英雄约克的名字为防空部队命名一种火炮，不过因为质量问题，该火炮没有投入现役。

↓装甲车

五星上将
——M2布雷德利

- ☆ 产国：美国
- ☆ 列装：1993年
- ☆ 武器：一门25毫米机关炮
- ☆ 全重：22.67吨
- ☆ 乘员：7人

布雷德利是美军装备的一种步兵战车，是履带式中型装甲步兵战车。它可以独立作战，也可以协同坦克作战。

步兵守护者

布雷德利步兵战车有多种型号，以原型车为例，车长6.45米，车宽3.2米，车高2.56米，战斗全重22.67吨，乘员3人，载员7人。战车的主要武器是一门25毫米机关炮，在战车炮塔还装有一挺并列机枪。车体采用轻金属合金装甲焊接结构，能抵御穿甲弹和炮弹攻击，车底装有附加装甲，能防地雷攻击。所以，"布雷德利"步兵战车具有较好防护能力。

知识链接

自从"布雷德利"步兵战车出现后，经过不断改进，出现多种改进型，其改进型主要有M2A1、M2A2、M2A3等型号。如M2A1型装备有"陶2"反坦克导弹，并配有新型炮弹；M2A2型采用新的装甲防护，换装了大功率发动机，改善了火控系统；M2A3型采用前视红外传感器，并配装激光测距仪和车载导航设备，提高了战车识别能力和命中率。车体为铝合金焊接结构，车前部上装甲和顶装甲用铝合金，炮塔前部为钢装甲。最大公路速度65千米/小时，最大公路行程483千米，单位功率26马力/吨。改进型M2A3于1994年8月问世，2000年8月服役。

山寨坦克
——德国"黄鼠狼"步兵战车

- ☆ 产国：德国
- ☆ 列装：1969年
- ☆ 武器：20毫米机关炮
- ☆ 全重：30吨
- ☆ 乘员：6人

"黄鼠狼"步兵战车是与德国的豹-2坦克配合使用、协同作战的一种战车，也可单独使用，研制于20世纪60年代，已经服役超过30年。

"黄鼠狼"的前世今生

1960年1月，联邦德国与两大集团签订了设计与制造履带式步兵战车的合同。这两大集团是：由莱茵钢铁－哈诺玛格公司、鲁尔钢铁公司、威顿－安楠公司和布诺·沃内格公司等4家企业组成的莱茵钢铁集团和由亨舍尔工厂与瑞士莫瓦格两家公司组成的另一集团。

"黄鼠狼"第一批制出样车7辆，其中莱茵钢铁－哈诺玛格公司3辆，亨舍尔工厂与莫瓦格公司各2辆。1961—1963年间，又制出第二批样车8辆，其中莱茵钢铁－哈诺玛格公司4辆，亨舍尔工厂1辆，莫瓦格公司3辆。后来由于优先发展反坦克炮和多管火箭炮，该车的研制工作曾一度停顿。1966年恢复研制工作，军方提出设计要求。1967年，根据这些要求，开始第三批和最后一批样车的制造，共计10辆。莱茵钢铁－哈诺玛格和莫瓦格两家公司各3辆，亨舍尔工厂4辆。

1964年，亨舍尔工厂被莱茵钢铁集团兼并，从此，研制工作大部分由该集团完成。1967—1968年间，预计生产10辆，并于1968年10月作为首批车辆交付联邦德国陆军进行部队试验。试验于1968年10月开始，1969年3月结束。1969年4月正式批量生产，同年5月命名为"黄鼠狼"步兵战车。1969年，确定莱茵钢铁集团为主承包商，马克

↑德军步兵战车

公司为子承包商。这两家企业现在已分别改名为蒂森·亨舍尔公司和克虏伯－马克公司，位于基尔。早期的生产合同规定，莱茵钢铁集团的产量为1926辆，马克公司为875辆。1974年，莱茵钢铁集团又续订了生产210辆的合同，马克公司的生产总数也增加到975辆。到1975年，该车预订的产量已全部完成，但底盘仍在莱茵钢铁集团的亨舍尔工厂继续生产，用于改装罗兰德2型防空导弹发射车，直到1983年才结束。

"黄鼠狼"的爪牙很锋利

"黄鼠狼"步兵战车的主要武器为1门Rh202型20毫米机关炮，由莱茵金属公司生产。该炮为气动复进式，弹带供弹，遥控操纵射击，结构简单，可靠性高，机关炮的高低射界为－17—+70度，方向射界360度，最大射速高达800—1000发/分，发射的弹种有曳光穿甲弹和榴弹，由3条弹带供弹。发射曳光穿甲弹时，可在1000米的射击距离上击穿32毫米厚的钢装甲，对付轻型装甲车辆绰绰有余，但对付先进步兵战车的主装甲则显得力不从心。对付软目标的有效射程为2000米。对付飞机的有效射高为1600米。炮长和车长通过电动操纵装置操纵机关炮，实现遥控射击。20毫米炮弹的弹药基数为1250发。

俄国先锋
——BTR-90"罗斯托克"

- ☆ 产国：俄罗斯
- ☆ 列装：2001年
- ☆ 武器：一门30毫米的2A42型机关炮
- ☆ 速度：100千米/时
- ☆ 乘员：10人

BTR-90"罗斯托克"将成为未来俄罗斯陆军最主要的轮式战车。首批BTR-90"罗斯托克"装备后，很快就送到车臣，用于非常规作战，取得不俗战果。

夸张的越野性能

BTR-90型装甲输送车仅重17吨，装有功率为375千瓦的柴油发动机，路面最大行驶速度达100千米/小时，在遭到严重破坏的路面上行驶仍可达到50千米/小时。BTR-90可随时蹚过水中障碍，在4个轮胎完全损坏的情况下仍具有战场转移能力。它可运送10名全副武装的士兵，每个步兵乘坐的空间比过去的俄制战车增加了50%，这对外观轮廓与过去战车相比并没有多少增加的BTR-90而言实在是不小的突破。且车辆的减震系统得到相当改善，对俄军官兵而言，在路况很差的俄罗斯外高加索地区行驶，这实在是个福音。

超强的防护

BTR-90装甲车车体用高硬度装甲钢制造，全焊接装甲结构，内有凯夫莱防剥落衬层，并可披挂被动附加装甲。它具有全方位抵御14.5毫米机枪弹的防护力，披挂附加轻质陶瓷复合装甲后，能防RPG-7反装甲火箭弹攻击。整车造型更加简洁流畅。针对车臣战场上经常遇到地雷袭击事件，车体底

↑履带式装甲人员输送车

部和载员座椅采取了有效防反坦克地雷伤害的措施。

惊人的火力

BTR-90装置"风暴"-K型炮塔。炮塔重2.5吨，采用防弹铝合金材料加附加钢装甲和复合材料的"三明治"结构，能够抵御152毫米炮弹碎片的攻击。炮塔内配有昼/夜瞄准镜的火控系统、前视第二代红外探测器，以利于精确瞄准目标和命中目标。BTR-90配备的武器有一门30毫米口径的2A42型机关炮、一具AGS-17榴弹发射器、一套"竞技神"反坦克导弹系统和一挺7.62毫米机枪。2A42型机关炮采用双弹匣供弹，可在白天和夜间对2.5千米以内包括坦克在内的各种目标实施精确打击。"竞技神"型反坦克导弹前端装有伸缩式探针，采用串联空心装药战斗部，专门攻击披挂爆炸反应式装甲的坦克。BTR-90的总体作战效能已超过了现役的轻型坦克。